社交型机器人系列丛书

社交型机器人
初级教程

主　编：张延坤　姚俊峰　高俊彦
副主编：颜一帆　简忠权　吴继鹏

厦门大学出版社
XIAMEN UNIVERSITY PRESS
国家一级出版社
全国百佳图书出版单位

图书在版编目（CIP）数据

社交型机器人初级教程 / 张延坤，姚俊峰，高俊彦主编. -- 厦门 ：厦门大学出版社，2025. 8. --（社交型机器人系列丛书）. -- ISBN 978-7-5615-9857-3

Ⅰ. TP242.6

中国国家版本馆 CIP 数据核字第 202531VM03 号

责任编辑　郑　丹
美术编辑　蒋卓群
技术编辑　许克华

出版发行　厦门大学出版社
社　　址　厦门市软件园二期望海路 39 号
邮政编码　361008
总　　机　0592-2181111　0592-2181406(传真)
营销中心　0592-2184458　0592-2181365
网　　址　http://www.xmupress.com
邮　　箱　xmup@xmupress.com
印　　刷　厦门市明亮彩印有限公司

开本　787 mm×1 092 mm　1/16
印张　10.5
字数　202 千字
版次　2025 年 8 月第 1 版
印次　2025 年 8 月第 1 次印刷
定价　58.00 元

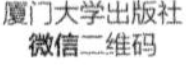
厦门大学出版社
微信二维码

厦门大学出版社
微博二维码

前言

随着人工智能技术的快速发展，社交型机器人逐渐走进了我们的生活，成了智能助手、客服、娱乐和教育等领域的得力助手。社交型机器人不仅能与人类进行自然的对话交流，还能根据不同场景和需求做出合适的反应，为用户提供个性化的服务和体验。

本书旨在为初学者提供一个入门级的社交型机器人开发指南，介绍社交型机器人设计和实现的基本概念和技术。通过本书，您将了解社交型机器人所需的核心技术，包括自然语言处理（natural language processing，NLP）、语音识别、对话管理等，同时学习如何构建一个简单的社交型机器人原型。

本书包括9章。第1章介绍什么是社交型机器人，并通过实例讲解它们的应用场景和功能，帮助读者初步了解这一领域。第2章从基础知识入手，带领读者了解编程工具的使用和基本原理，为读者后续学习打下坚实的基础。第3章讲解社交型机器人的结构，重点介绍典型社交型机器人的主要组成部分及其作用。第4章深入探讨社交型机器人的核心部件，它们通过协同工作使机器人具备与人类互动的能力。第5章集中阐述社交型机器人的六大核心技术，涵盖"身、芯、头、脑、感、情"，带领读者了解这些技术如何赋予机器人智能和情感交互能力。第6章介绍社交型机器人云平台，这是一款专注于技术研发和推广的综合性云平台，为机器人开发提供了强有力的支持。第7章围绕设计类机器人展开，这些机器人能够协助完成诸如产品设计、歌词创作、作曲以及绘画等创意工作。第8章聚焦服务类机器人，包括聊天机器人、心理辅导机器人、陪护机器人、助老机器人和导览机器人，通过案例展示它们如何在日常生活中发挥作用。最后，第9章带领读者了解表演类机器人，如可编程木偶机器人、钢琴演奏机器人、架子鼓演奏机器人、笛子演奏机器人和琵琶演奏机器人，并展示它们的表演方式。

本书适合对社交型机器人开发感兴趣的初学者，通过图形化编程的方式，提供详细的步骤指导，帮助读者逐步掌握从理论到实践的基础开发技能。无论读者是想快速入门还是为未来的深入学习和实践打基础，本书都能提供相应的专业知识。

准备好了吗？让我们一起开启这段有趣的学习旅程吧！

编者

2024 年 12 月

目录

第3章 社交型机器人结构 /18

第5章 社交型机器人核心技术 /54

第1章
社交型机器人简介

1.1 社交型机器人的发展

1.1.1 简介

社交型机器人最初是指一种运行于社交媒体平台上的、进行自动生成内容并且参与人类社交互动的、无物质实体的自动程序型智能体，是存在于数字社交空间中的一种虚拟机器人。随着科技的迭代进步，以及世界各国对于AI的研究，时至今日它们已经逐渐拥有实体形态，能够更好地与人类进行交流。社交型机器人通过模仿社交网络中的其他真实用户来习得人性化特征，能够更新社交状态，与其他平台用户进行自动交流对话，并能自动发送、接受好友请求。它们是基于计算机互联网的智能传播的产物，具有方向性、先进性和与时俱进的现实意义。社交型机器人在社交网络平台的智能传播体系中具有不可替代的作用，对人类社会进步产生了深远影响。

1.1.2 发展历程

(1)早期探索阶段(20世纪中期)

艾伦·麦席森·图灵(Alan Mathison Turing，图1.1.2.1)在1950年提出了著名的图灵测试，该测试虽然主要讨论机器是否能表现出类似人类的智能，但这一定义促使研究人员思考如何让机器与人类进行有意义的互动。

约瑟夫·维森鲍姆(Joseph Weizenbaum)于1966年开发的ELIZA(图1.1.2.2)是个早期的聊天机器人，能够通过简单的自然语言处理技术模拟心理治疗师的对话。尽管功能有限，但ELIZA展示了机器与人类进行语言互动的潜力。

图 1.1.2.1　艾伦·图灵

（图片来源：https://baike.baidu.com/item/艾伦·麦席森·图灵/3940576? fr=ge_ala）

```
 Welcome to
                    EEEEEE  LL       IIII  ZZZZZZZ   AAAAA
                    EE      LL        II        ZZ  AA   AA
                    EEEEE   LL        II      ZZZ   AAAAAAA
                    EE      LL        II     ZZ     AA   AA
                    EEEEEE  LLLLLL   IIII  ZZZZZZZ  AA   AA

 Eliza is a mock Rogerian psychotherapist.
 The original program was described by Joseph Weizenbaum in 1966.
 This implementation by Norbert Landsteiner 2005.


ELIZA: Is something troubling you ?
YOU:   Men are all alike.
ELIZA: What is the connection, do you suppose ?
YOU:   They're always bugging us about something or other.
ELIZA: Can you think of a specific example ?
YOU:   Well, my boyfriend made me come here.
ELIZA: Is it important to you that your boyfriend made you come here ?
YOU:   He says I'm depressed much of the time.
ELIZA: I am sorry to hear that you are depressed.
YOU:   It's true. I am unhappy.
ELIZA: Can you explain what made you unhappy ?
YOU:
```

图 1.1.2.2　ELIZA

（图片来源：https://blog.sciencenet.cn/blog-1375795-1376951.html）

（2）机器人技术的初步应用（20 世纪 70—80 年代）

由斯坦福研究所（SRI International）开发的 Shakey（图 1.1.2.3）是第一个能够感知和理解其环境并执行复杂任务的机器人。虽然 Shakey 不是社交型机器人，但它在感知、规划和行动方面的研究为未来的社交型机器人提供了技术基础。

日本早稻田大学于 1973 年开发的 WABOT-1（图 1.1.2.4）是世界上第一个全尺寸仿人机器人，能够步行、抓取物体、与人类进行简单的交流。这是机器人与人类互动的一次早期尝试。

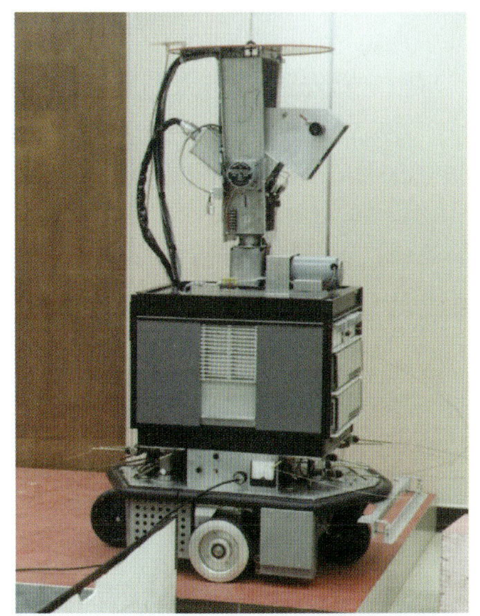

图 1.1.2.3　Shakey

（图片来源：https://www.britannica.com/topic/Shakey）

图 1.1.2.4　WABOT-1

（图片来源：https://robotics24.net/blog/history-of-robots-origins-myths-facts/）

（3）社交型机器人概念的提出与早期研究（20 世纪 90 年代）

辛西娅·布雷泽尔（Cynthia Breazeal）在 MIT（Massachusetts Institute of Technology，麻省理工学院）媒体实验室开发的 Kismet（图 1.1.2.5）是一个具有情感表达能力的机器人，能够通过面部表情和声音与人类进行情感互动。Kismet 是首个系统探索情感交互机制的社交型机器人，其开创性研究为后续社交型机器人的情感计算领域提供了关键理论支撑。

由 MIT 媒体实验室开发的 Cog（图 1.1.2.6）是一个仿人机器人，旨在研究人类认知和社会行为的模型。对 Cog 的研究揭示了如何通过物理和社会互动实现更自然的人机交互。

图 1.1.2.5　Kismet

（图片来源：https://baike.baidu.com/item/kismet/121512）

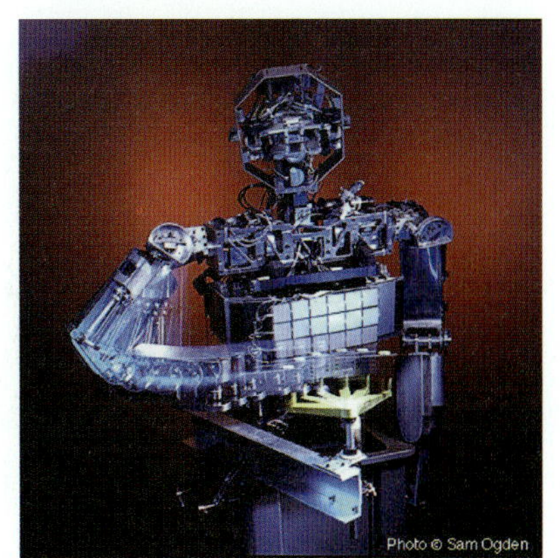

图 1.1.2.6　Cog

（图片来源：https://robotsguide.com/robots/cog/）

(4)技术进步与商业化应用(21 世纪初)

由日本本田公司开发的 ASIMO(图 1.1.2.7)是一个先进的仿人机器人，能够进行复杂的移动和互动任务。尽管 ASIMO 主要是一个研究平台，但它展示了机器人在动态环境中进行自然交互的潜力。

索尼公司于 1999 年推出的 AIBO(图 1.1.2.8)是一款机器狗，能够与用户进行互动并展示简单的情感反应。AIBO 在市场上的成功表明消费者对具备社交互动能力的机器人存在需求。

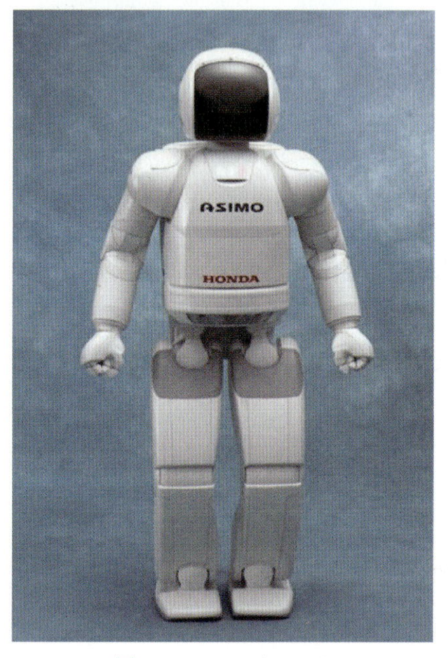

图 1.1.2.7　ASIMO

(图片来源：https://ece.osu.edu/events/2012/04/seminar-new-asimo-humanoid-robot-version-3)

图 1.1.2.8　AIBO

(图片来源：https://baike.baidu.com/item/AIBO 机器狗//10204215? fr=ge_ala)

(5)现代社交型机器人(2010 年至今)

日本软银机器人公司(SoftBank Robotics)于 2014 年开发的 Pepper(图 1.1.2.9)是一个具备情感识别和表达能力的社交型机器人，广泛应用于零售、医疗和教育等领域。Pepper 是第一个大规模商业化的社交型机器人，标志着社交型机器人进入了实际应用阶段。

由 MIT 科学家辛西娅·布雷泽尔制造的 jibo(图 1.1.2.10)，是一款家庭社交型机器人，能够通过语音、表情和动作与家庭成员互动。尽管 jibo 因商业原因停止生产，但其在家庭环境中的交互探索为后续社交型机器人的发展积累了宝贵经验。

图 1.1.2.9　Pepper

（图片来源：https://www.aldebaran.com/it/pepper）

图 1.1.2.10　jibo

（图片来源：https://www.coolthings.com/jibo-robot/）

由汉森机器人公司（Hanson Robotics）开发的 Sophia（图 1.1.2.11）是一个具备高级情感表达和自然语言处理能力的仿人机器人。Sophia（索非亚）在全球范围内进行了多次公开展示和演讲，提升了公众对社交型机器人的认知。机器人 Sophia 2017 年 10 月 25 日在沙特阿拉伯未来创投展览会上，获颁沙特阿拉伯公民身份，成为世界上第一个拥有公民身份的机器人。

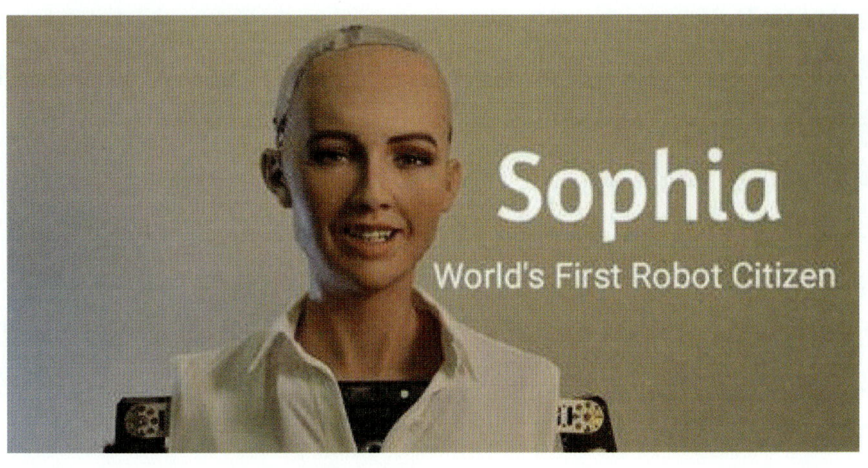

图 1.1.2.11　Sophia

（图片来源：https://www.century.edu/live/news/929-humanoid-robot-sophia-charms-audience-at-century）

1.1.3 未来发展方向

人工智能：随着深度学习和强化学习等技术的发展，社交型机器人将在自然语言处理、情感识别和自主学习等方面取得更大进展。

多模态交互：未来的社交型机器人将结合语音、视觉、触觉等多种感知和交互方式，提供更丰富的互动体验。

社交型机器人作为一个跨学科的前沿领域，其发展历程充满了技术创新和应用探索。随着技术的不断进步，社交型机器人将在更多领域中发挥重要作用，为人类社会带来更多便利和价值。

1.2 社交型机器人的种类

1.2.1 按应用场景分类

(1)家庭陪伴机器人

功能：具备情感陪伴、娱乐互动、家庭管理等多种功能。

代表：jibo、Buddy。

特点：通常采用友好亲切的外观设计，具备语音交互功能，并能进行基础的情感表达。

(2)教育和培训机器人

功能：辅助教学，提供个性化学习辅导和特殊教育支持。

代表：NAO、Robi。

特点：具有丰富的互动功能，能够进行多种教育活动和游戏，适用于学校和家庭环境。

(3)医疗和护理机器人

功能：患者陪伴、康复训练、健康监测和提醒。

代表：PARO、ROBEAR。

特点：通常设计为具有安抚和治疗效果的外观和行为，能够识别和响应患者的情感需求。

(4)客户服务机器人

功能：在零售、银行、酒店等场所提供客户接待等服务。

代表：Pepper、Tally。

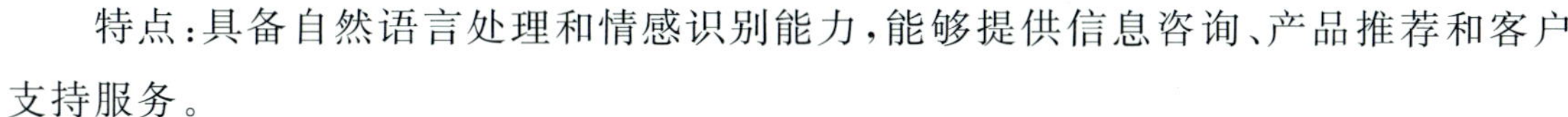

特点：具备自然语言处理和情感识别能力，能够提供信息咨询、产品推荐和客户支持服务。

(5)公共服务机器人

功能：在公共场所提供信息咨询、导览和安保巡逻服务。

代表：Sanbot、REEM。

特点：通常设计为多功能和耐用的外观，具备移动和导航能力，适用于机场、商场和博物馆等场所。

1.2.2　按技术特征分类

(1)情感机器人

功能：主要用于情感交互和陪伴，能够识别和表达情感。

代表：Kismet、Pepper。

特点：具备高级的情感计算能力，通过面部表情、语音和肢体语言与用户进行情感互动。

(2)仿人机器人

功能：模拟人类的外观和行为，用于研究人类社会行为和认知。

代表：Sophia、ASIMO。

特点：通常设计为仿真人类的外观，具备复杂的运动和交互能力，用于研究和展示。

(3)宠物机器人

功能：提供类似宠物的陪伴和互动体验，给予情绪价值。

代表：AIBO、PARO。

特点：设计为可爱的动物外观，具备简单的情感表达和互动功能，适用于儿童和老年人。

1.2.3　按交互方式分类

(1)语音交互机器人

功能：以语音作为主要的交互方式，提供信息查询、对话和命令执行等服务。

代表：Amazon Echo(Alexa)、Google Home。

特点：具备先进的自然语言处理能力，通过语音识别和生成技术与用户进行互动。

(2)多模态交互机器人

功能:结合语音、视觉、触觉等多种感知和交互方式。

代表:Pepper、jibo。

特点:能够通过多种感知方式(如摄像头、麦克风和触摸传感器)与用户进行更加丰富和自然的互动。

1.2.4 按功能复杂度分类

(1)基础社交型机器人

功能:具备基本的语音交互和简单的情感表达能力。

代表:RoBoHoN、Vector。

特点:功能相对简单,主要用于娱乐和基础的日常互动。

(2)高级社交型机器人

功能:具备先进的高级自然语言处理、精准的情感计算和持续自主学习能力。

代表:Sophia、Pepper。

特点:功能复杂,能够进行多种形式的高级互动,适用于广泛的应用场景。

1.2.5 按目标用户分类

(1)儿童机器人

功能:提供教育、娱乐和陪伴,适用于儿童。

代表:Cozmo、Miko。

特点:设计为友好和吸引儿童的外观,具备教育和娱乐功能,安全性高。

(2)养老机器人

功能:提供情感陪伴、健康监测和安全提醒,适用于老年人。

代表:PARO、Ellig。

特点:基于老年用户认知特点进行人机交互设计,采用安抚性外观造型和温和的行为反馈机制,集成高精度生物传感器和基于智能分析算法的健康监测模块。

日本产业技术综合研究所(AIST)研发的社交型机器人 PARO(图 1.2.5.1)有助于痴呆患者的护理,通过肢体接触,可以唤醒痴呆患者过去养育子女、饲养宠物的记忆。

印度公司 Emotix 成立于 2015 年,是一家专注于人工智能和情感机器人技术的公司,由均毕业于印度理工学院的 Prashant Iyengar、Sneh Vaswani 和 Chintan Raikar

图 1.2.5.1　PARO

（图片来源：https://www.tweaktown.com/news/90035/japan-wants-to-send-these-ai-baby-seals-astronauts-living-on-mars/index.html）

共同创立。Emotix 致力于运用先进的人工智能技术，为儿童打造智能化、互动性强的学习伙伴。公司在推出第一代社交型机器人 Miko 之后，又推出了 Miko 2（图 1.2.5.2），适用于 5～10 岁的儿童。这款针对儿童的多功能机器人，具有陪伴、对话和教学等功能，可以传授知识，和儿童进行对话交流，并保护儿童安全。

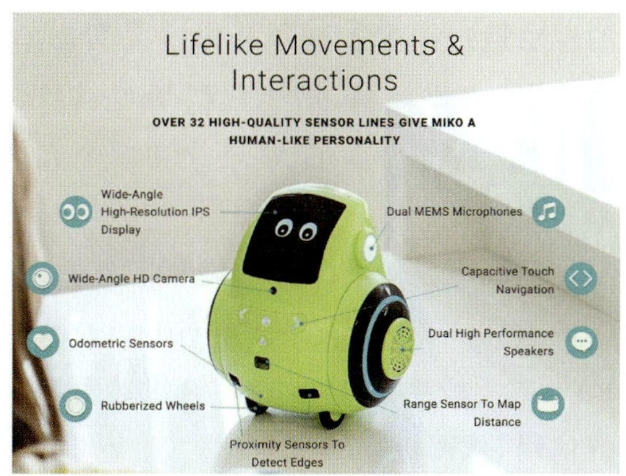

图 1.2.5.2　Miko

（图片来源：https://www.galleon.ph/toys-games-c893/robots-c8034/emotix-miko-2-the-robot-for-playful-learning-p43223013）

1.2.6　小结

社交型机器人种类繁多，根据其应用场景、技术特征、交互方式、功能复杂度和目标用户的不同，可以实现多种形式的分类。随着技术的发展和应用场景的拓展，社交型机器人将会变得更加多样化，为人类生活提供更多便利和支持。

第 2 章 编程基础

2.1 编程工具

2.1.1 编程工具的组成

编程，就是将自己的想法通过编程工具顺利传达并实现的过程。编程工具指辅助开发人员进行编程的软件或硬件设备，用于代码编写、调试、测试，旨在提高开发效率和代码质量。选择合适的编程工具，能够充分发挥个人优势，显著提高编程效率，达到事半功倍的效果。

常用的编程工具有很多，以下是一些常见的编程工具：

（1）集成开发环境（integrated development environment，IDE）

集成开发环境（IDE）集成了编辑器、调试器、构建器等功能，可以帮助开发人员更快地编写、调试和运行代码，从而提高开发效率。

（2）代码编辑器

代码编辑器是用于处理代码的工具，它们可能是文本编辑器的简单形式，也可能是具有高级功能的编辑器。

（3）编译器、解释器

编译器和解释器都是将高级语言代码转换为机器代码的工具。但它们的工作方式不同：编译器将整个程序作为一个整体进行转换，通常生成一个独立的可执行文件；解释器将逐行执行程序代码。

（4）调试器

调试器可以逐步执行代码，检查变量值，评估程序执行过程中的表达式，帮助开发人员查找并修复错误，是提升代码质量的工具。

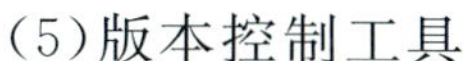

(5)版本控制工具

版本控制工具用于管理软件项目的版本，可以帮助开发人员更好地跟踪代码的变更，以便在程序出现问题时进行回滚。

2.1.2　编程工具的选择

在编程的世界里，恰当的工具是必不可少的，它们不仅可提高工作效率，还能保证代码质量。选择合适的编程工具能够显著提升项目的开发效率和成功率。

在选择编程工具的时候，我们可以从以下几个方面考虑：

(1)功能需求

根据功能需求选择合适的编程工具。

(2)易用性

选择易于使用、便于快速上手的编程工具。

(3)兼容性

选择兼容多种操作系统和编程语言的工具。

(4)适用范围

选择适用范围更广、便于获取更多资源和帮助的编程工具。

每种工具都有其特点和适用场景，在后续章节里，我们将提供详细的解释和代码实例，探讨编程工具的使用，帮助使用者根据自己的需求和技能水平进行选择。

2.2　简易图形化编程

2.2.1　认识图形化编程

区别于传统的文本编程语言，图形化编程是一种使用图形化界面来编写代码的编程方法。用户只需要能够理解积木指令的文字说明，通过拖拽、拼接积木指令的方式合理设计程序的结构，就能快速地创建程序，无须深入了解复杂的语法和规则。

图形化编程有如下优点：

(1)直观易懂

无须深入学习编程语言的语法和规则，用户可以通过直观的图形界面来创建程序，降低了学习的门槛。

(2)适合初学者

图形化编程可以作为编程入门的首选，其用形象生动的程序执行效果激发初学者的学习兴趣，能有效培养初学者的逻辑思维能力和问题解决能力。

(3)快速实现

只需要使用封装好功能的代码块，按照一定的逻辑拼接组合，就能快速创建出一个程序原型，所编即所得，节省了编程的时间和精力。

(4)可视化调试

图形化编程工具通常提供了可视化的调试功能，用户可以直观地查看程序的执行过程和结果，从而更高效地进行调试和优化。

图形化编程作为一种低门槛的编程方法，被广泛应用于教育领域，特别是针对青少年和初学者的编程教育，它助力更多人轻松地进入编程的世界。

2.2.2 Scratch

Scratch 是由美国麻省理工学院开发的一种图形化编程工具，它以友好的界面和直观的操作方式，成为编程启蒙教育的标准工具。

(1)安装与启动

访问 https://scratch.mit.edu/获取软件资源。

(2)界面介绍

Scratch 界面分区如图 2.2.2.1 所示。

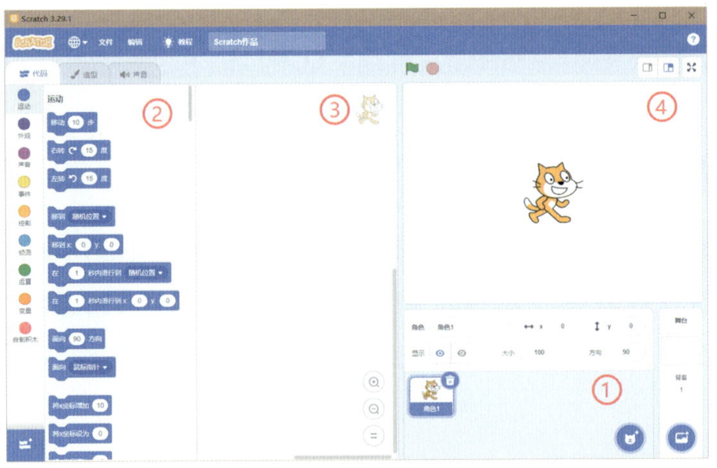

图 2.2.2.1　Scratch 界面分区

①角色区：管理角色、背景的区域。

②模块区：提供各模块内的各式积木指令。

③编程区：用积木指令完成程序的编写。

④舞台区：展示程序效果。

(3)编写第一个程序

选用 Scratch 默认的角色 1(小猫形象，下文以“小猫”指代)，在编程区的右上角能看到当前是为小猫编写程序。我们想让小猫打声招呼，说“Hello，world!”，则选择“外观”模块中的 说 你好! 2 秒 指令，如图 2.2.2.2 所示。

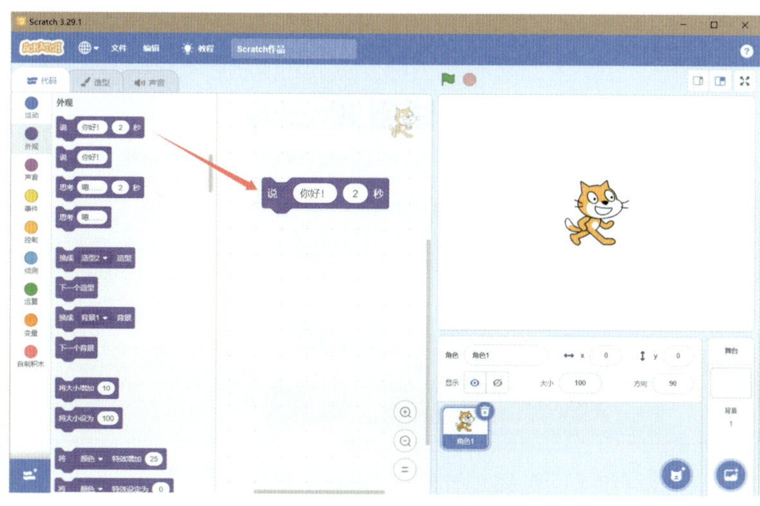

图 2.2.2.2　编写第一个 Scratch 程序-1

修改指令中所说的文字内容，选择“事件”模块中的 当 被点击 指令，事件类指令作为脚本段的开头，像火车头一样，能起到引领的作用。当我们点击舞台区上方的绿旗时，程序开始运行，小猫说出“Hello，world!”，点击旁边的红色圆形就能结束程序，如图 2.2.2.3 所示。

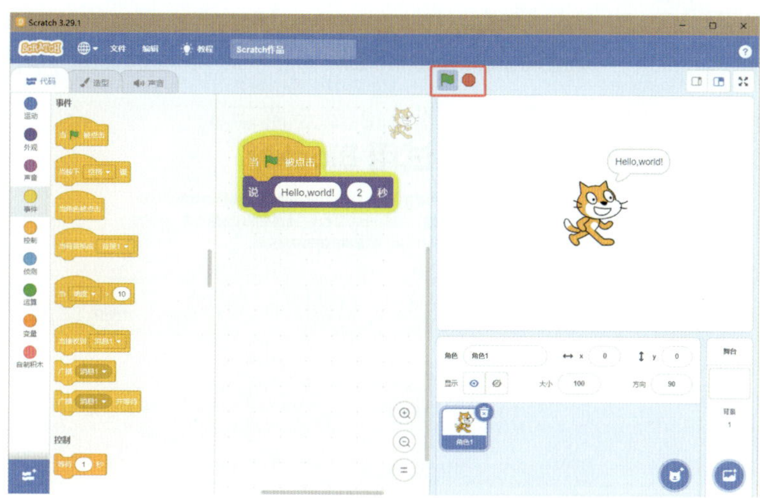

图 2.2.2.3　编写第一个 Scratch 程序-2

2.2.3 Blockly

Blockly 是由谷歌发布的一种图形化编程工具，可以使用自带的语言转换工具箱，将图形化编程语言转为 JavaScript、Python、PHP 等多种程序语言。

(1)安装

在线版本网址：https://developers.google.cn/blockly。

(2)界面介绍

Blockly 界面如图 2.2.2.4 所示。

试用 Blockly

Blockly 库为您的应用添加了一个可自定义的编辑器，该编辑器能够以联锁块的形式呈现编码概念。它可以使用您所需的语言生成简洁的代码，并支持针对您的应用量身定制的自定义块。

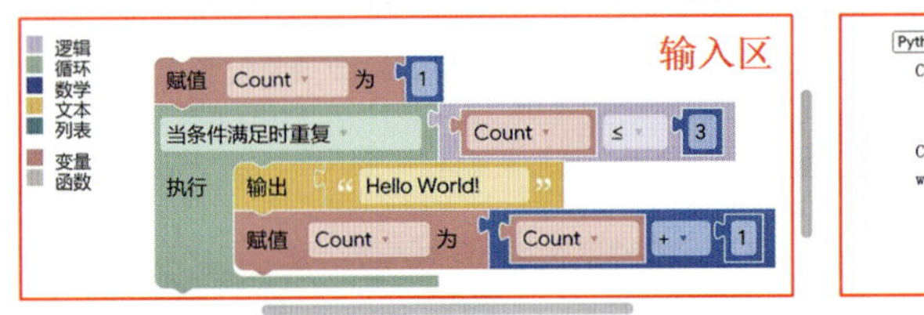

图 2.2.2.4 Blockly 界面

根据 Blockly 的特性，可以将界面分为左边的输入区和右边的输出区，输入区同样从模块集合的区域找出图形化指令，放入编程区域进行程序编写，在输出区支持将代码转换为 JavaScript、Python、PHP、Lua、Dart 等交流编程语言，或选择保持编辑器当前使用的语言。

(3)编写第一个程序

选择“文本”模块中的 输出 “Hello World!” 指令，在右侧输出区能看到将当前图形化语言转为 Python 语言的效果，如图 2.2.2.5 所示。

试用 Blockly

Blockly 库为您的应用添加了一个可自定义的编辑器，该编辑器能够以联锁块的形式呈现编码概念。它可以使用您所需的语言生成简洁的代码，并支持针对您的应用量身定制的自定义块。

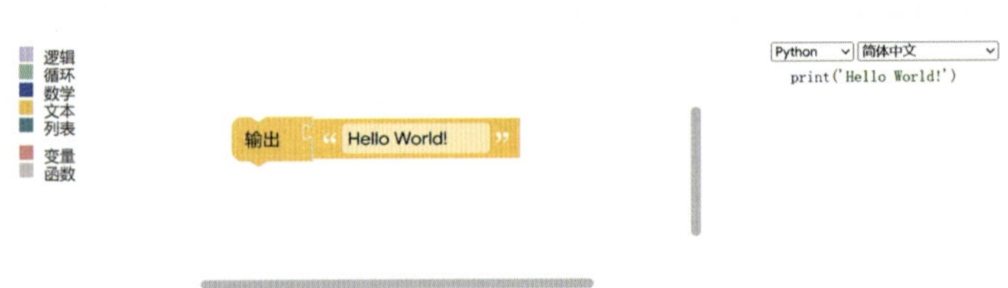

图 2.2.2.5 编写第一个 Blockly 程序

2.3　基于文本的简易编程

2.3.1　认识文本编程

除了能使用图形化编程的方式，借助直观的指令实现与计算机之间的沟通，我们还可以通过语言来控制计算机，使用文本输入的方式，让计算机实现我们的想法，这样的语言就叫作文本编程语言。

这样的编程方式叫作文本编程规范。文本编程是更传统的编程形式，在计算机领域我们通常直接编写源代码来创建复杂的程序。它对细节的把控更为精准，允许开发者深入程序的每一个角落进行控制和优化，也更符合专业开发的需求。

文本编程有以下优点：

(1)控制能力

文本编程赋予了开发人员对代码的控制能力，使开发人员能够根据具体要求灵活调整程序实现方式。

(2)灵活性

文本编程能兼顾大型、复杂的系统，也能用短短几行指令处理简单的要求，更为灵活。

(3)广泛的应用

大多数商业软件都是用文本编程语言开发的，精通编程语言意味着可以参与到众多不同类型的项目中。

2.3.2　Python

Python 是一种面向对象的解释型文本编程语言，以上手简单、功能强大的特点成为现今最热门的编程语言之一。Python 生态丰富，有众多的扩展库，这使得它几乎在任何领域都有最直接的解决方案支撑，不管是传统的 Web 开发、系统运维、游戏开发，还是大数据及云计算、金融、人工智能等领域，Python 都能胜任。

(1)安装

访问 https://www.python.org/获取软件资源。

(2)界面介绍

打开 Python 自带的开发工具 IDLE，进入交互模式，如图 2.3.2.1 所示。

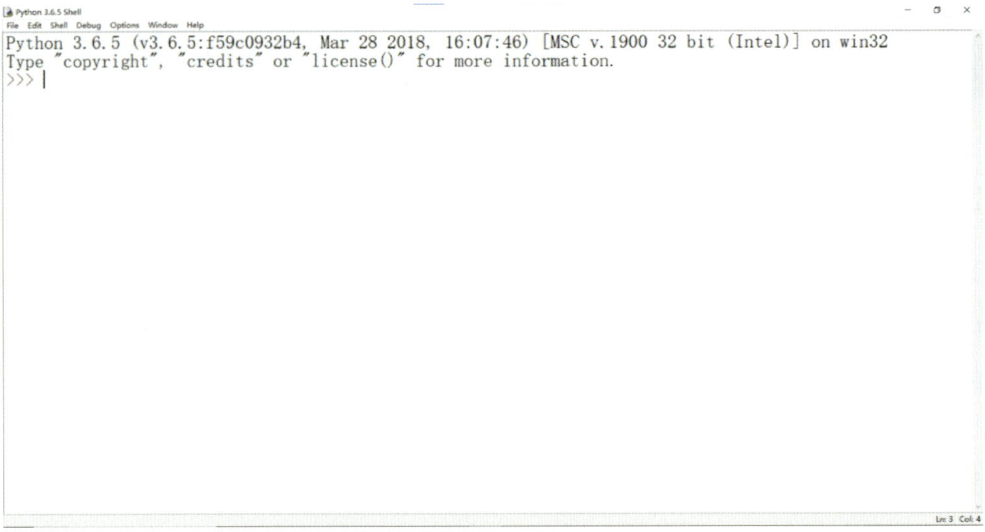
Python 3.6.5 Shell
File Edit Shell Debug Options Window Help
Python 3.6.5 (v3.6.5:f59c0932b4, Mar 28 2018, 16:07:46) [MSC v.1900 32 bit (Intel)] on win32
Type "copyright", "credits" or "license()" for more information.
>>> |

图 2.3.2.1　Python 界面

(3)编写第一个程序

使用 print()函数原样输出引号中的内容“Hello，world!”，如图 2.3.2.2 所示。

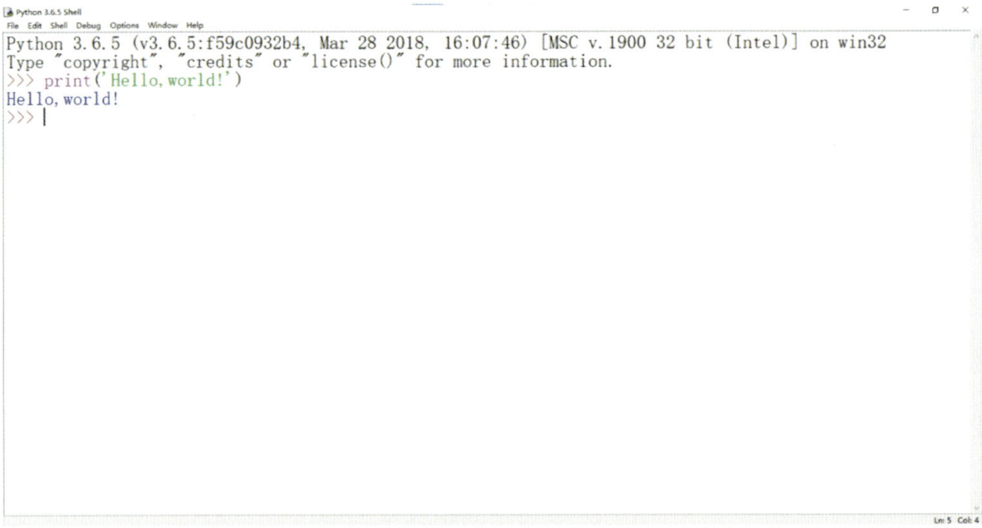
Python 3.6.5 Shell
File Edit Shell Debug Options Window Help
Python 3.6.5 (v3.6.5:f59c0932b4, Mar 28 2018, 16:07:46) [MSC v.1900 32 bit (Intel)] on win32
Type "copyright", "credits" or "license()" for more information.
>>> print('Hello,world!')
Hello,world!
>>> |

图 2.3.2.2　编写第一个 Python 程序

2.3.3　C++

C++是一种计算机高级程序设计语言，是面向对象的文本编程语言，它被广泛应用于软件开发、音视频流媒体开发、游戏制作、嵌入式系统等领域。它具有代码简洁、程序体积小、执行高效等优点。标准的 C++由核心语言、C++标准库和标准模板库(standard template library，STL)这三个重要部分组成。

(1)安装

访问 https://sourceforge.net/projects/orwelldevcpp/获取软件资源。

(2)界面介绍

打开 Dev-C++之后,可以通过左上方"文件—新建—源代码"的方式新建一个未命名的空文件,如图 2.3.3.1 所示。

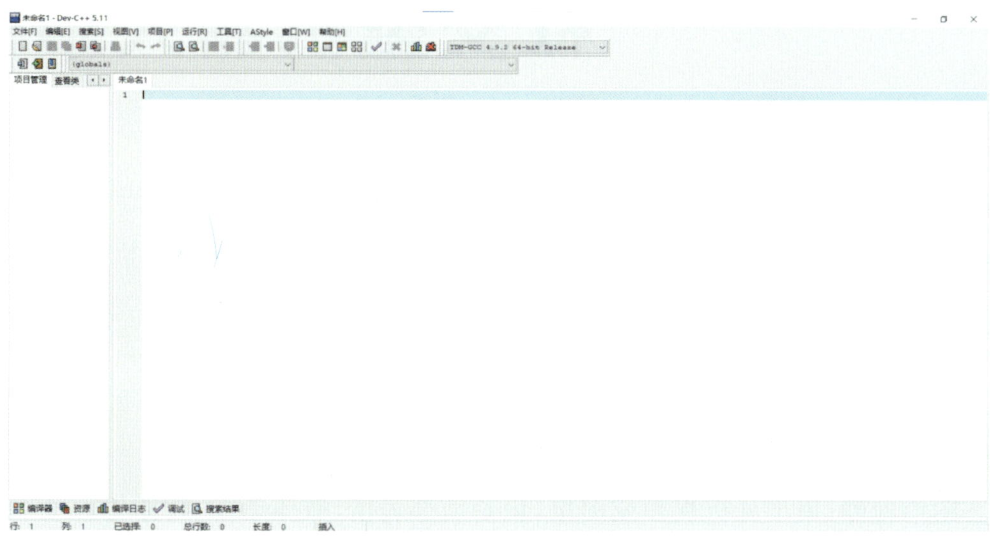

图 2.3.3.1　C++界面

(3)编写第一个 C++程序

在程序编写的区域输入如下的代码行,点击"运行",保存文件后可以看到运行的效果,如图 2.3.3.2 所示。

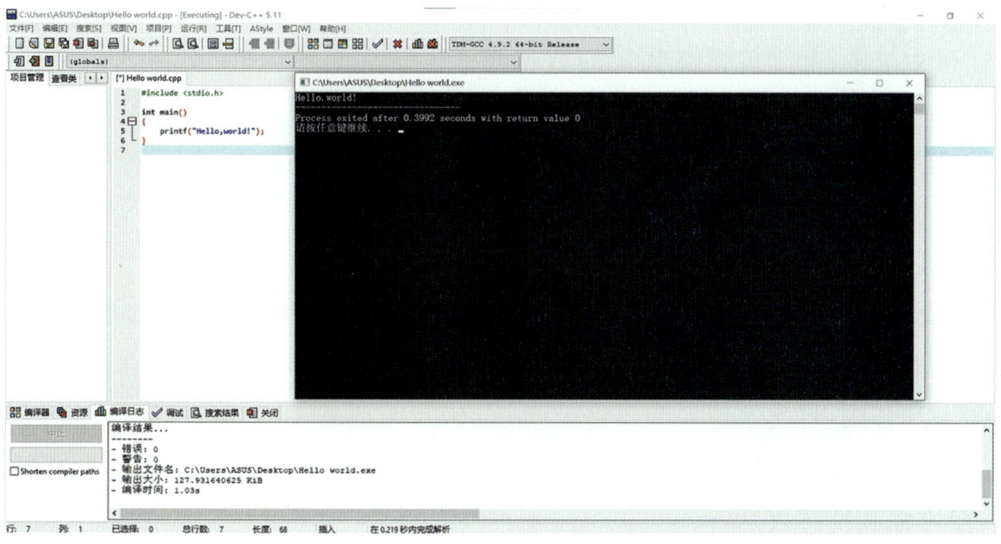

图 2.3.3.2　编写第一个 C++程序

第3章
社交型机器人结构

社交型机器人是一种能够与人类进行社交互动的机器人，其设计目标是通过感知、决策和行动，模仿或实现人与人之间的社交行为。以下是社交型机器人典型结构的几个主要组成部分：

（1）感知模块

①传感器：用于收集外部环境和用户信息，包括视觉、听觉、触觉等。常见的传感器有摄像头、麦克风、红外线、超声波、压力传感器等。

②图像处理：用于分析视频或图像，识别面部表情、肢体动作、物体等。

③语音识别：通过麦克风捕捉用户的语音，并将其转换为文本或指令。

④情感识别：分析用户的表情、语调或行为，推断其情绪状态。

（2）决策模块

①自然语言处理（NLP）：理解用户的语言输入，并生成合适的语言回复。

②情感推理：根据用户的情感和语境，推断最适当的互动方式。

③行为决策：基于传感器收集的数据和人工智能算法，决定机器人该如何回应（语言、肢体动作等）。

④学习与适应：通过机器学习算法，机器人可以不断适应用户的个性和习惯，改进未来的互动。

（3）执行模块

①运动控制器：控制机器人的肢体运动，包括头部、手臂、轮子或其他移动部件，以实现与人类的交互。

②语音合成：将文本转换为语音，生成自然的人类语言，和用户进行对话。

③表情和显示：一些社交型机器人会具备面部表情显示器或其他动态视觉反馈装置，能增强其情感表达。

(4)通信模块

①无线通信:社交型机器人通常具备 Wi-Fi 或蓝牙功能,能够与其他设备或网络进行通信,接收更新或获取云端计算支持。

②云端计算:利用云计算资源处理复杂的任务,如大规模数据处理或深度学习模型推理。

(5)用户界面

①触摸屏:一些社交型机器人配备触摸屏,用户可以通过图形界面进行操作。

②移动端应用:用户可以通过手机或平板与机器人进行交互和控制。

(6)电源和机械结构

①电池与电源管理:长时间运行需要稳定的电源管理,电池技术也是设计的一部分。

②机身设计:机器人外形设计要兼具功能性和亲和力,通常会模拟人类或动物形态,以增强社交效果。

这种结构使得社交型机器人具备感知用户情绪、理解语言、与用户进行对话和肢体互动等能力,并逐步应用于老年护理、教育、客户服务等领域。

3.1　人形机器人

人形机器人(humanoid robot)是一种外形和结构模仿人类的机器人,通常具备类似人类的躯干、头部、双臂、双腿,设计目的是模拟人类的行为、动作和功能。其构造和功能旨在能够执行与人类类似的任务,尤其是替代人类的工作或与人类进行直接互动的任务。以下是人形机器人的主要结构和一些实际案例:

3.1.1　机械结构

(1)头部

头部通常带有传感器和摄像头,用于感知环境,有时会具备显示面部表情的屏幕。

(2)躯干

人形机器人有类似人类的上半身结构,肩部、腰部和背部支撑着手臂、头部及其他组件。

(3)四肢

①手臂:具备多个关节(如肩关节、肘关节、腕关节),以模仿人类的手臂动作,有

时配备灵活的手指，以抓握物体。

②腿部：人形机器人通常设计有双腿，支持步态的模拟，如行走、跑步、爬楼梯等动作。

(4)关节与伺服电机

关节是人形机器人实现运动的关键部件，通常由伺服电机或电动驱动器控制，能精确控制机器人各个部位的动作。

3.1.2 传感器与感知系统

(1)视觉传感器

人形机器人通常配备摄像头或深度摄像头，支持环境感知、物体识别和面部识别。

(2)听觉传感器

有些机器人安装麦克风，用于捕捉环境音和语音，常与语音识别模块结合使用。

(3)触觉传感器

有些机器人手部或其他部位可能配备触觉传感器，用于感知压力、温度和物体接触。

(4)陀螺仪和加速度计

陀螺仪和加速度计能帮助机器人维持平衡，尤其是在步行或进行其他复杂运动时。

(5)力传感器

用于感知外界施加在机器人身上的力，帮助机器人在执行精细操作或协作任务时保护自身和人类。

3.1.3 控制系统

(1)运动控制器

控制机器人每个关节的运动，以实现复杂的肢体动作，包括行走、跳跃、抓取等。

(2)平衡控制

对双足行走的机器人，保持平衡是关键技术，依靠传感器数据和实时控制算法进行动态调整。

(3)路径规划

通过环境感知和地图构建，机器人可以自动规划其运动路径，避开障碍物。

3.1.4　人工智能和决策系统

（1）语音识别与生成

人形机器人通常配备自然语言处理能力，可以理解人类语言，并通过语音合成技术与人类交流。

（2）行为规划与决策

通过人工智能算法，机器人根据感知的数据和指令做出决策，执行任务。

（3）学习与自适应

一些人形机器人能够通过机器学习和深度学习技术不断优化自己的行为和决策模式，逐步适应环境和用户。

3.1.5　能源系统

（1）电池供电

人形机器人通常使用锂电池等高效电池供电，可支持长时间连续运行。

（2）能量管理系统

机器人需要高效管理电量消耗，尤其在运动和处理大量计算任务时，须保证能源的合理分配。

3.1.6　人机交互系统

（1）显示与反馈

机器人头部或胸部可能带有屏幕或 LED 灯，用来显示信息、表情等，以增强与人类的互动效果。

（2）语音与对话

机器人通过语音识别、自然语言处理和语音合成系统实现与人类的对话交互。

（3）肢体动作

机器人可以通过手势、面部表情或身体姿态与人类进行非语言交互。

3.1.7　应用领域

（1）医疗护理

人形机器人具备护理辅助功能，能为老年人或残疾人提供物品搬运、陪护聊天等服务。

(2)教育与娱乐

教育助手机器人或娱乐机器人,可以实现人机互动、知识传授及才艺表演等功能。

(3)服务业

在餐饮业或酒店业,机器人可以替代部分人类劳动,承担服务与信息提供工作。

(4)工业与研究

作为工厂中的辅助工具,可执行危险或重复性的任务。

由波士顿动力公司(Boston Dynamics)研发的高度先进的两足人形机器人 Atlas(图 3.1.7.1),旨在通过高水平的运动灵活性和复杂环境适应能力,展现出色的平衡能力、灵活性和动态运动表现。Atlas 最初开发用于灾难救援等极端环境,但随着技术的发展,其展示出越来越多的运动技巧,如跑步、跳跃、翻滚等动作。

Atlas 仍在不断改进中,未来的发展可能包括更高效的动力系统、更精密的 AI 控制系统以及增强的自主操作能力。随着其应用场景的拓展,Atlas 有望在工业、服务、救援等领域发挥重要作用。

总的来说,Atlas 是目前世界上最先进的两足人形机器人之一,凭借其强大的运动能力和复杂环境适应性,在机器人技术领域中占据重要地位。

图 3.1.7.1 Atlas

(图片来源:http://www.360doc.com/content/24/0419/13/47115229_1120838093.shtml)

由软银机器人公司开发的人形社交型机器人 Pepper(图 3.1.7.2),专为人机交互设计。Pepper 能够通过情感识别、语音交互和手势感知与人类进行交流,广泛应用于零售、客户服务、教育等领域。它被认为是第一款能够识别人类情感的商业化机器人,旨在提供更加自然、友好的互动体验。

图 3.1.7.2　Pepper

（图片来源：https://robotsguide.com/robots/pepper/）

人形机器人由于其外形的亲和性，逐渐成为人类日常生活、工作和娱乐中的重要角色。

3.2　卡通机器人

卡通机器人是为了迎合动画等影视作品中的视觉和叙事需求而设计的机器人形象，其设计更加注重视觉上的亲和力、娱乐性和简化的功能表现。卡通机器人通常具有夸张的外观特征、简单的肢体动作和富有个性的表情。这类机器人的结构更多体现在视觉风格和表现形式上，而非复杂的实际功能。以下是卡通机器人的典型设计和一些实际案例。

3.2.1　外观设计

(1)头部

①夸张的面部特征：通常具有大眼睛、简化的嘴巴、圆形或椭圆形的头部，以表达情感。眼睛和嘴巴是情感表达的核心部分，可以通过简单的动画表现出高兴、惊讶、愤怒等多种情感。

②天线或装饰：一些卡通机器人可能会在头部设计天线、雷达或其他科幻元素，强调其机器人的身份。

(2)躯干

①简化或夸张的身体形态:躯干通常设计成简单的几何形状,如圆柱形、方形或球形,目的是让观众容易辨识,并为头部和四肢提供稳定的支撑。

②装饰性元素:在卡通设计中,机器人可能具有鲜艳的色彩涂装,并装载闪光灯或按钮,这些元素有时只是起装饰作用,而非真实的功能组件。

(3)四肢

①手臂和腿:手臂和腿可以设计得极为简化或夸张,形状可能像管状或球形的结构。灵活度通常不如真实的人形机器人,但可以通过夸张的肢体语言和动态动作来增强表现力。

②机械手或机械爪:手部可能是简单的三指爪或圆形手掌,用于抓取物体,这样的设计往往比真实的手臂结构更具卡通趣味。

(4)配色

卡通机器人通常使用明亮、对比鲜明的颜色,吸引观众的注意力,并使机器人形象更加友好和易于记忆。

3.2.2 面部表情

(1)眼睛

卡通机器人通常用大而夸张的眼睛来表达情感,可能是几何形状或显示器等电器形状。眼睛可以进行快速变化,如眨眼、瞪眼、眯眼等,以增强角色的情感表现。

(2)嘴巴

嘴部表情可以通过几何变形或显示屏画面变化来模拟言语或情绪。嘴巴通常不需要与语言精准同步,但会有夸张的开闭动作来加强卡通效果。

(3)动态表情

使用动画来描绘机器人表情时,通常伴有快速而夸张的变化,这种变化在动画和游戏中具有更强的艺术张力。

3.2.3 运动与动态表现

(1)简化的肢体动作

卡通机器人不需要像实际机器人那样复杂的运动功能,通常通过简单的关节运动或躯体形变实现夸张的肢体语言。例如,手臂可以伸长或缩短,身体部分可以以不合常理的方式弯曲或旋转。

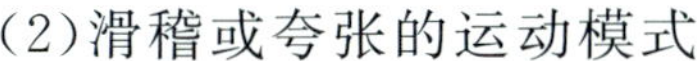

(2)滑稽或夸张的运动模式

卡通机器人往往通过跳跃、滚动或滑行等动作表现出幽默感,远超物理规律的限制。这类运动不强调物理精确度,而是更注重视觉效果的呈现。

(3)变形能力

一些卡通机器人具备变形能力,身体部件可以自由变大变小,甚至临时变成工具或武器,这种能力多用于增强剧情趣味性和灵活性。

3.2.4　声音与音效

(1)夸张的声音效果

卡通机器人通常采用富有个性的声音设计,可能是尖锐机械声或与角色性格相符的特殊音效。这些声音并非模仿真实机器人,而是为了突出角色的独特个性。

(2)音效互动

每当机器人移动、转动或与物体互动时,会伴随一些夸张的电子音效或机械噪声,这种设计的目的是让机器人更加生动。

3.2.5　通信与互动方式

(1)简化的语言互动

卡通机器人通过简单的台词与其他角色或观众互动,通常使用重复的短语或具有个性化的口头禅,这种设计让机器人形象更容易被记住。

(2)动态显示器或灯光效果

一些卡通机器人在通信时可能会通过头部、眼睛或胸部的灯光变化来表现其状态,如等待接收信息、通信成功等。

3.2.6　功能与能力(虚构)

(1)虚拟能力

卡通机器人多见于动画或影视作品,其功能不受物理规律限制,因而能够展现飞行、发射激光等超常能力。

(2)变形与多功能性

卡通机器人可能具备多种形式或状态,能够根据需要改变外形或功能,如变成车辆、工具等。

3.2.7 典型案例

哆啦 A 梦(图 3.2.7.1):圆润的外形,富有亲和力的大眼睛和简单的四肢,具备多种超现实的工具和特殊功能,能表现轻松幽默的风格。

图 3.2.7.1 哆啦 A 梦

(图片来源:1970 年藤子·F.不二雄于 1970 年创作的科幻喜剧漫画)

瓦力(图 3.2.7.2):方形的身体和双履带,视觉上带有旧机械风格,但其眼睛表达出丰富的情感,极具亲和力。

图 3.2.7.2 瓦力

(图片来源:美国 2008 年安德鲁·斯坦顿执导的动画电影《机器人总动员》)

Bender(图 3.2.7.3):人形机器人外形,但带有强烈的性格特征,动作和表情夸张,常用于幽默情境。

图 3.2.7.3 Bender

(图片来源:美国 1999 年喜剧漫画及动画片《飞出个未来》)

卡通机器人注重娱乐性和视觉效果,功能和设计上强调简洁、夸张和情感表达,常用于影视、动画和游戏中,为观众带来愉悦又富有戏剧性的观赏体验。

3.3 动物仿生机器人

动物仿生机器人是指模仿动物外形、运动方式和行为特点的机器人。其通过仿生学原理,模拟动物的自然能力,应用于研究、探测、救援等领域。仿生机器人的结构设计依据其模仿的动物类型而变化,如昆虫、鸟类、鱼类、哺乳动物等。以下是动物仿生机器人常见的结构及功能组成。

3.3.1 外部结构(仿动物形态)

身体形态:仿生机器人的设计初衷在于模仿动物形态,其机体结构按功能可划分为以下 3 个关键部分。

(1)仿生外观

动物仿生机器人通常外形上接近模仿的动物种类,具备类似的身体比例、外部结构和运动方式。机器人外壳通常采用轻质、坚固的材料,既能保证灵活性,又具备足够的强度。

(2)关节与肢体

模仿动物的肢体、关节活动,设计相应的机械结构。关节的灵活性设计取决于动物的运动模式,如多足昆虫、四足哺乳动物、两足鸟类等。

(3)仿生皮肤

某些仿生机器人可能使用仿生材料覆盖外壳,以模仿动物的皮肤、毛发或鳞片结构,这样的设计有助于实现传感功能和增强环境适应性。

3.3.2 运动系统(仿动物运动方式)

仿生运动学:运动系统是仿生机器人的核心,可依据动物的运动方式设计多种机械装置。

多足运动:模仿昆虫或蜘蛛的多足运动方式,每条腿通过多个自由度的关节控制,可实现复杂的地形适应和灵活移动。

四足步行:仿哺乳动物的四足运动,利用四肢协调进行步态控制,如仿生狗、仿生猎豹等。

双足行走:模仿鸟类或人类的双足行走方式,通过平衡控制系统维持稳定的直立行走。

鳍或翅膀的运动:模仿鱼类或鸟类的游动或飞行,鳍通过波浪运动推进,通过翅膀上下拍打实现飞行。

伺服电机和制动器:使用伺服电机、液压或气动制动器来控制关节和肢体的运动,提供动力源,能够实现精细的动作控制和仿生运动。

3.3.3 传感器系统(感知环境和反馈)

(1)视觉传感器

摄像头或视觉传感器:模仿动物的视觉系统,为机器人提供环境感知能力,典型应用如仿生鹰和蝴蝶机器人,其具有广角-长焦复合的视觉系统,可以感知周围环境及动态变化。

(2)触觉传感器

①力觉传感器:安装在机器人足部、腿部或身体上,用于检测地面情况和触碰压力,帮助机器人根据环境条件智能调节运动模式。

②仿生触须:模仿动物触须的传感器系统,可以用来感知周围障碍物和空气、液体流动的变化。

(3)声音传感器

仿生耳部结构：一些仿生机器人可能会模仿动物的听觉系统，配备麦克风或其他声波接收设备，感知声源方向和音量变化。

3.3.4　控制系统

(1)运动控制

①步态控制器：对于四足或多足仿生机器人，步态控制器通过对仿生腿的协调控制，实现多种步态模式，如爬行、奔跑、跳跃等，使机器人能够在不同地形上自适应。

②飞行动力学控制：对于仿生鸟类或昆虫，控制翅膀的扑翼频率、角度和力度，以模拟自然界中的飞行动力学特性，确保机器人在空中保持稳定性和灵活性。

③水中推进控制：仿生鱼类的推进控制通过模拟鱼类摆尾或鳍的运动，实现灵活游动。

(2)姿态与平衡控制

陀螺仪和加速度计：用来实时监测机器人的姿态和加速度，帮助机器人在复杂环境中保持平衡，尤其适用于奔跑或飞行等动态运动场景。

(3)自主决策与 AI 算法

导航与路径规划：通过仿生传感器获取环境数据，结合人工智能算法，进行自主导航和路径规划，能够有效避开障碍并适应环境变化。

3.3.5　能源系统

(1)电池供电

大多数仿生机器人通过锂电池或聚合物电池供电，确保轻量化和较长的续航时间。

(2)能量回收系统

一些高级仿生机器人具备能量回收系统，如通过步行或飞行的运动回收部分能量，提升续航能力。

3.3.6　通信与控制接口

(1)无线通信

仿生机器人通常具备无线通信功能，支持远程控制或与其他机器人协作执行任务。

(2)自主与远程操作模式

仿生机器人通常具备自主操作和人工远程控制两种模式,可以根据任务需要在自动化或人工控制之间切换。

3.3.7 典型案例

仿生鱼(RoboFish,图 3.3.7.1):模仿鱼类的身体和尾部结构,利用摆动实现高效的水中游动,常用于水下探测、环境监测等。

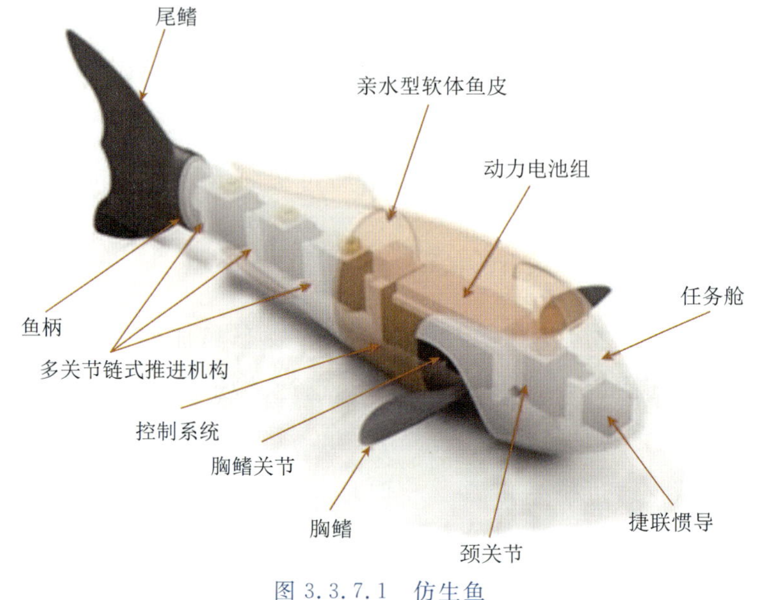

图 3.3.7.1 仿生鱼

(图片来源:https://www.njit.edu.cn/info/1185/14298.htm)

仿生鸟(Festo SmartBird,图 3.3.7.2):模仿鸟类翅膀的方式运动,利用扑翼实现灵活的空中飞行,其结构轻盈灵活,展示出高效的飞行力学特性。

图 3.3.7.2 仿生鸟

(图片来源:https://www.youuvs.com/news/detail/202001/4432.html)

仿生猎豹(Boston Dynamics Cheetah,图 3.3.7.3):模仿猎豹的快速奔跑能力,

具备强大的四足运动系统，能够在复杂地形上高速行进。

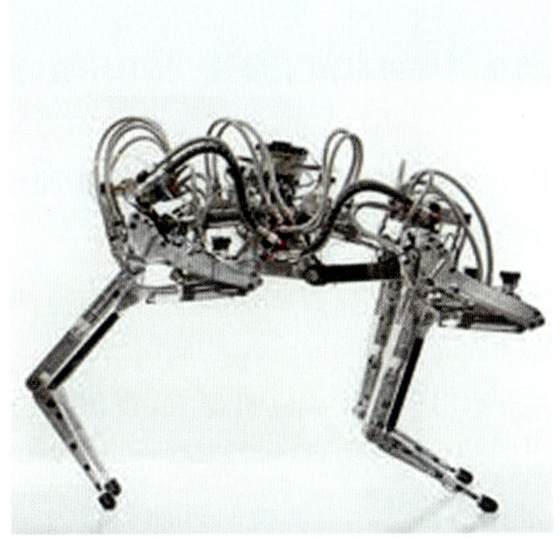

图 3.3.7.3 仿生猎豹

（图片来源：https://www.colocationamerica.com/blog/boston-massachusetts-robotic-technology）

仿生昆虫（RoboBee，图 3.3.7.4）：模仿蜜蜂的飞行方式，通过轻巧的机身和扑翼设计，实现在空中稳定悬停，广泛应用于环境探测和微型无人机研究领域。

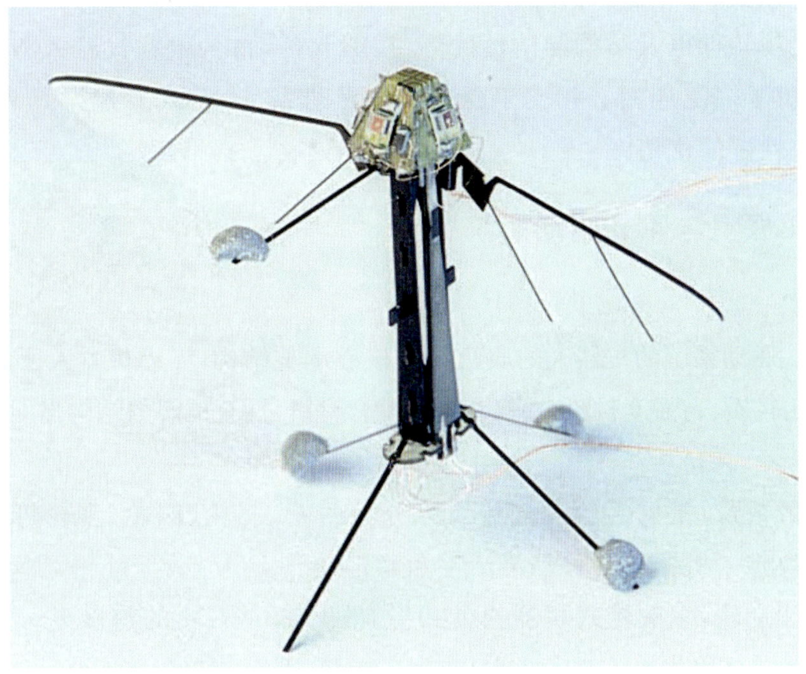

图 3.3.7.4 仿生昆虫

（图片来源：https://www.harvardmagazine.com/2017/10/harvard-robot-bees-future-robotic-engineering）

3.3.8 应用领域

环境探测:仿生鱼、仿生鸟等可以用于海洋、空中环境的监测,执行复杂的探测任务。

灾难救援:仿生昆虫或仿生四足机器人在复杂、狭小的环境中具有出色的机动能力,可用于搜索与救援任务。

科学研究:仿生机器人不仅可以作为研究动物行为、运动学原理的重要工具,还能用于验证生物力学假设。

医疗辅助:一些仿生技术用于开发康复机器人,模仿动物运动方式,帮助患者恢复运动能力。

动物仿生机器人通过模仿自然界中动物的运动和行为,具备高效、灵活的特点,能够在各种复杂环境中执行任务,广泛应用于工业、科研、军事和民用领域。

3.4 轮式机器人

轮式机器人是一种使用轮子作为主要运动方式的机器人,凭借其高效的地面移动能力、低能耗特性以及结构简洁性优势,在工业自动化、服务机器人和特种探索等多个领域获得了广泛应用。相比于腿式或多足机器人,轮式机器人具有稳定性强、速度快、操控性好的优势。

3.4.1 底盘与轮式驱动系统

(1)底盘

使用轮式驱动系统的机器人的底盘是其核心承重结构,支撑机器人所有其他组件。底盘通常采用轻质、高强度材料,如铝合金或复合材料,具有良好的结构强度和耐用性。

(2)轮子

①轮子的数量:常见的轮式机器人可分为两轮、三轮、四轮、多轮等类型。不同的轮子配置决定了机器人的移动灵活性和稳定性。

②差速驱动轮:多数轮式机器人使用差速驱动,左右轮的速度差异决定了转向的灵活性。

③全向轮:一些轮式机器人使用全向轮(麦克纳姆轮或全向滚轮),能够实现原地旋转及各个方向的平滑移动,适用于狭窄空间中的灵活操作。

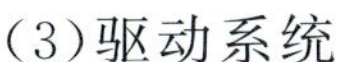

(3)驱动系统

①电动马达:通常配备高扭矩的直流电动机或无刷电机,能够驱动轮子旋转,实现机器人移动。

②减速器与传动机构:马达通过减速器与轮子连接,提供必要的扭矩和速度调整,确保机器人能够在不同负载和地形下稳定移动。

3.4.2 传感器系统

(1)视觉传感器

轮式机器人通常配备摄像头、深度传感器或激光雷达(light detection and ranging, LiDAR),用于感知周围环境,实现导航、识别障碍物或物体。

(2)距离与碰撞传感器

轮式机器人通常配备超声波传感器或红外传感器,用于检测物体距离,防止机器人与障碍物碰撞。

(3)惯性测量单元(inertial measurement unit, IMU)

惯性传感器(如陀螺仪、加速度计)帮助机器人检测自身的姿态、加速度等,以保持平衡或实现姿态调整。

(4)编码器

编码器一般安装在电机或轮轴上,用于检测轮子的转动速度和角度,辅助导航系统计算机器人移动。

3.4.3 控制系统

(1)中央控制器

轮式机器人通常配备微处理器(如 Arduino、Raspberry Pi、专用嵌入式系统),以控制电机驱动、处理传感器数据和执行整体任务。

(2)运动控制算法

①路径规划与导航:机器人通过感知系统和预设地图规划最优路径,同时避开障碍物。在路径规划领域,常用的算法包括 A* 算法、Dijkstra 算法等。

②差速驱动控制:通过调整左右轮子的速度差,实现机器人精准的转向和移动控制。

(3)闭环控制

传感器反馈数据用于实时调整机器人的速度和方向,确保移动过程中对路径的修正和精确定位。

3.4.4 电源系统

(1)电池供电

轮式机器人通常使用锂电池或铅酸电池作为主要电源。锂电池具有高能量密度,适合需要长时间工作的机器人。

(2)能量管理系统

电源管理系统负责监控电量状态,确保合理的能耗分配,防止过度放电并实现电量预测。

3.4.5 通信与远程控制

(1)无线通信模块

轮式机器人可以通过 Wi-Fi、蓝牙、ZigBee 等无线通信模块与外部控制设备(如计算机或移动设备)通信,实现远程控制或数据传输。

(2)本地与远程操作模式

机器人支持自主运行和远程控制两种模式,典型应用包括自主导航机器人和远程监控机器人。

3.4.6 导航与定位系统

(1)GPS(global positioning system,全球定位系统)模块

对于在广域范围环境下工作的轮式机器人,GPS 模块可提供精确的定位与导航支持。

(2)里程计与轮速反馈

通过轮速传感器(编码器)和里程计数据,机器人可以计算自身位移和相对位置。

(3)SLAM(simultaneous localization and mapping,同步定位与地图构建)技术

激光雷达或视觉传感器配合 SLAM 算法,使机器人具备在未知环境中自主构建地图与定位的能力。这种技术特别适用于室内和复杂环境下的导航任务。

3.4.7 机械臂或工具组件

(1)机械臂

一些轮式机器人可以配备机械臂,用于抓取、搬运物体。这种机械臂通常安装在机器人底盘上,并具有多自由度的运动能力,能够完成复杂的操作任务。

(2)专用工具

根据任务需求,机器人可能搭载如摄像头云台、检测传感器或工具模块,用于环境监控、物流运输、地面检测等特定任务。

3.4.8　典型轮式机器人配置

两轮机器人(图 3.4.8.1):结构简单,易于控制,适合平坦的地面环境。通过调节左右轮子的速度实现转向。

图 3.4.8.1　两轮机器人

(图片来源:https://www.extremetech.com/extreme/288673-boston-dynamics-unveils-redesigned-handle-robot-for-warehouse-work)

三轮机器人(图 3.4.8.2):两个驱动轮加上一个用于平衡的万向轮,适合需要灵活移动且对稳定性要求较高的任务。

图 3.4.8.2　三轮机器人

(图片来源:https://3w.huanqiu.com/a/c6eeda/3yCqFdhXB2M?agt=20)

四轮机器人(图 3.4.8.3):配备四个轮子,具备较强的负载能力和稳定性,适用于崎岖地形和重载场景。

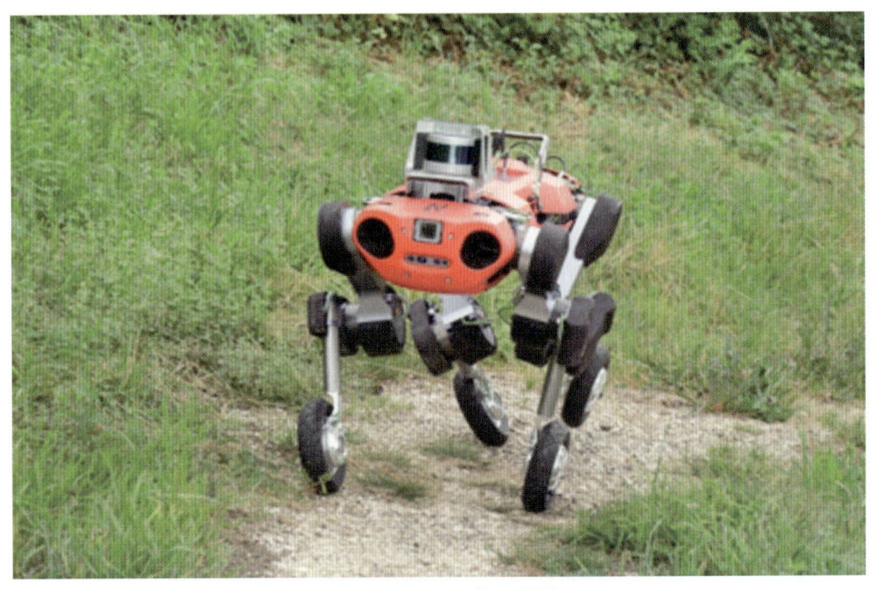

图 3.4.8.3　四轮机器人

(图片来源:https://www.inceptivemind.com/roller-walking-robot-anymal-moves-efficiently-flat-inclined-terrain/15763/)

全向轮机器人(图 3.4.8.4):使用全向轮(麦克纳姆轮或全向滚轮),具备任意方向的灵活移动能力,适合狭小空间中的精确操作。

图 3.4.8.4　全向轮机器人

(图片来源:https://intorobotics.com/4wd-mecanum-wheels-chassis-for-prototyping-robots/)

3.4.9　应用领域

工业与物流:轮式机器人广泛应用于工厂和仓库中,用于物料搬运、货物分拣和自动化运输。

服务业:酒店、餐馆等服务场所使用轮式机器人提供送餐、导引等服务。

医疗辅助:用于医院中的轮式机器人可以自动运送药品或医疗设备,减轻医护人员的工作负担。

安防与监控:轮式机器人搭载摄像头和传感器,用于室内或户外的安全巡逻和监控任务。

探索与救援:轮式机器人适用于搜索和救援任务,可在废墟、火灾等危险环境中执行勘察和信息收集任务。

轮式机器人因结构简单、运行高效且稳定,在需要自主移动和执行任务的领域得到广泛应用。其模块化设计使其能灵活适应不同应用场景。

第4章
社交型机器人核心部件

社交型机器人的核心部件可以分为硬件和软件两个主要方面，这些部件共同协作，使机器人具备与人类互动的能力。以下是对其关键部件的概述：

（1）硬件部分

①传感器：包括视觉、听觉、触觉、温度、压力等感知设备。最常见的传感器有摄像头、麦克风、红外传感器、距离传感器等，用于感知环境和用户的存在、动作、表情、语音等信息。

②摄像头和深度感知器：摄像头用于捕捉图像，深度感知器用于感知物体的距离与空间位置，帮助机器人识别人脸、动作等。

③麦克风阵列：用于捕捉多方向的声音，以便机器人进行语音识别，过滤环境噪声，提高对语音命令的识别精度。

④移动与执行机构：包括轮子、关节、伺服电机等，使机器人实现自主移动或执行复杂动作，如挥手、点头等，增强互动效果。

⑤显示设备（屏幕）：一些社交型机器人配备屏幕用于显示表情、文字信息或与用户进行视觉互动。

（2）软件部分

①语音识别与语音合成（speech recognition and synthesis）系统：通过自然语言处理（NLP）技术，机器人可以理解自然语言，并利用语音合成技术生成自然的语音进行回应。

②情感识别与响应（emotion recognition and response）系统：通过图像和语音分析，识别用户的情感状态，并做出适当的反应，如安慰、鼓励等。

③自然语言处理（NLP）系统：用于理解和生成自然语言，能够进行复杂的对话和信息处理。

④人脸识别与追踪（facial recognition and tracking）系统：用于识别、记忆和追踪

用户的面部特征，帮助机器人进行个性化互动。

⑤决策与学习(decision making and learning)系统：利用人工智能算法，机器人可以通过机器学习不断学习用户的喜好与行为，改进互动效果。

⑥行为生成(behavior generation)模块：基于感知到的信息，决定机器人采取何种动作或表达，以适应当前的互动场景。

(3)网络与通信

①无线通信(Wi-Fi、蓝牙等)：社交型机器人通常能够连接互联网，以便访问在线资源或云服务，实现远程更新和数据处理。

②云计算与大数据：一些高级的社交型机器人依赖云计算平台进行复杂的数据处理和机器学习任务，并通过云端进行数据同步和存储。

(4)能量供应

电池与电源管理系统：为机器人提供持续的能量供应，并确保在低电量时能够切换至充电模式或向用户发出低电量提示。

这些核心部件协同工作，赋予社交型机器人识别人类、理解语言、感知情感并进行互动的能力，使其能够在人机交互中表现得更加自然和智能。

本章将介绍硬件部分的核心部件。

4.1　执行机构

社交型机器人的执行机构(actuator)是其核心部件之一，负责将控制信号转化为物理动作，使机器人能够完成特定任务或与人类进行物理互动。本节将介绍社交型机器人常见的执行机构及其功能。

4.1.1　伺服电机

功能：伺服电机(图 4.1.1.1)常用于控制机器人的关节或部位的精确运动，如手臂、头部的旋转。它们能够提供精确的角度和位置控制。

应用：常见于机器人的四肢、头部，用于模仿人类的动作，比如挥手、点头、摆手、抓取物体等。

图 4.1.1.1 伺服电机

（图片来源：https://baike.baidu.com/item/伺服电机/9292523? fr=ge_ala）

4.1.2 步进电机

功能：步进电机（图 4.1.2.1）通过分步移动来实现精确的旋转控制，适合需要精确定位的任务。步进电机与伺服电机类似，但更注重位置的逐步控制。

应用：用于机器人的精确移动，适合控制机械臂、轮式底盘等组件，通常在精密动作场景中使用。

图 4.1.2.1 步进电机

（图片来源：https://baike.baidu.com/item/步进电机/276803? fr=ge_ala）

4.1.3 直流电机

功能：直流电机（图 4.1.3.1）常用于提供连续旋转运动，如轮子的驱动。直流电机响应速度快且易于控制。

应用：用于驱动轮式机器人或履带式机器人，使其能够在环境中自由移动。

图 4.1.3.1 直流电机

（图片来源：https://baike.baidu.com/item/直流电机/2404223? fr=ge_ala）

4.1.4　气动执行机构

功能：气动执行机构通过压缩空气来驱动动作，通常用于快速且大力的动作控制。

应用：较少见于社交型机器人，但如果需要较强的抓握力或弹性力（如手指抓取），可能会使用。

4.1.5　液压执行机构

功能：液压执行机构通过液体压力驱动动作，相比气动执行机构能够提供更大的输出力量和更精确的运动控制。

应用：社交型机器人中较少使用，但在需要高强度的机械臂或腿部系统中可能会出现。

4.1.6　仿生肌肉

功能：仿生肌肉（图 4.1.6.1）是一种基于电活性聚合物（electroactive polymer，EAP）或形状记忆合金（shape memory alloy，SMA）的材料，能够模拟生物肌肉的收缩与舒张运动方式。

应用：适用于追求人类肢体逼真还原的机器人，能够使其动作更加自然流畅，例如模拟人类手指的精细操作或手臂的灵活运动。

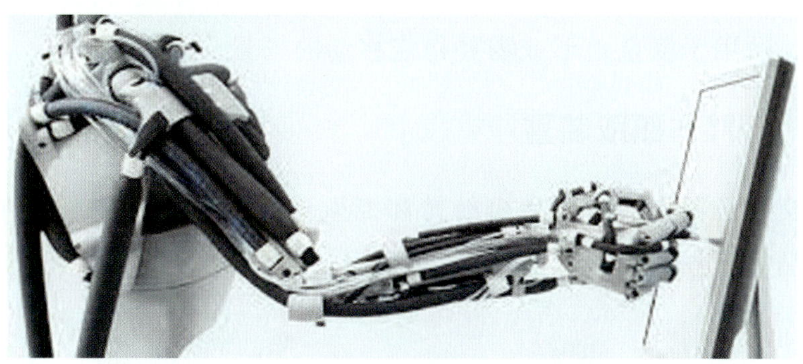

图 4.1.6.1　仿生肌肉

（图片来源：https://www.leiphone.com/category/robot/xWnvgGxEdyTq248z.html）

4.1.7　线性执行器

功能：将旋转运动转换为线性运动，用于需要直线运动的部件，如伸缩机械臂或开合的机构。

应用：常见于机器人的伸缩手臂、推拉机构或调节机器人某些部件的开合。

4.1.8 反馈系统

功能：通过生成振动、压力等反馈，提供触觉上的互动。反馈系统可以让机器人产生感觉反馈，模拟人类的触摸感受。

应用：适用于有触摸互动需求的社交型机器人，如当用户与机器人进行肢体接触时，反馈轻微的振动或压力。

4.1.9 面部表情执行机构

功能：由小型电机或驱动单元控制的机器人面部部件，用于生成微笑、皱眉、眨眼等表情。

应用：使机器人具备面部表情变化的能力，从而增强情感交流。

4.1.10 移动装置

功能：社交型机器人通常有移动能力。常见的移动执行机构包括轮式底盘、双足行走系统或多足行走系统。

应用：

①轮式：如 Pepper 使用轮子在环境中移动，移动灵活且结构相对简单。

②双足行走：如 ASIMO 使用两条腿模仿人类的行走方式，但复杂度较高。

③履带式：适用于复杂地形或需要稳定移动的场景。

4.1.11 手臂与抓取装置

功能：社交型机器人通常配备机械臂和抓取器（图 4.1.11.1），允许机器人执行抓取、递送物品等任务。

图 4.1.11.1 机械臂和抓取器

（https://www.infoobs.com/article/29329/zi-dong-hua-zhen-bu-deng-yu-zhi-neng-zhi-zao.html）

应用:可以用于接物、递送小物件,或进行简单的物理交互,如握手等。

4.1.12　振动执行器

功能:提供微小的振动反馈,增强机器人的互动性,特别是在触觉感知方面。

应用:用于提示用户或增强触觉互动体验,如在手机中常见的振动反馈。

借助这些执行机构,社交型机器人能够实现更灵活、更精准的任务执行,支持多样化的人机交互功能,并在物理环境中与用户展开自然、流畅的互动。

4.2　驱动器

社交型机器人的驱动器(driver)是执行机构的重要控制部分,它将控制信号转换为能够驱动电机或其他执行器所需的动力。驱动器在机器人系统中负责控制和调节执行机构的运动,使机器人能够执行特定的动作任务。本节介绍社交型机器人常见的驱动器类型。

4.2.1　电机驱动器

(1)伺服电机驱动器(servo motor driver)

①功能:伺服电机驱动器用于精确控制伺服电机的角度、速度和位置。这种驱动器接收来自控制器的信号并调节电流,驱动伺服电机精确地执行动作。

②应用:通常用于控制机器人的关节,如机械臂、头部、手指的精确运动。

(2)步进电机驱动器(stepper motor driver)

①功能:步进电机驱动器通过分步驱动控制步进电机的旋转角度,提供位置的精确控制。它使用脉冲信号控制步进电机的每一步移动。

②应用:用于机器人中需要精确位置控制的部分,如关节运动或移动控制。

(3)直流电机驱动器(DC motor driver,图 4.2.1.1)

图 4.2.1.1　直流电机驱动器

(图片来源:http://www.akelc.com/Product/DC-Motor-Driver/)

①功能:用于控制直流电机的驱动电流,允许机器人快速响应控制信号,实现轮式或履带式移动。

②应用:通常用于机器人的轮式底盘或移动系统,控制机器人在环境中移动。

4.2.2 线性驱动器

功能:线性驱动器将旋转运动转换为线性运动,从而驱动线性执行器。它通常用于需要直线推拉运动的场合。

应用:适用于机器人中需要伸缩动作的部分,如机械臂的伸展或设备的开关。

4.2.3 气动驱动器

功能:气动驱动器通过控制压缩空气来驱动气动执行机构,适用于需要快速响应和大驱动力的应用场景。

应用:虽然在社交型机器人中较少使用,但如果机器人需要快速动作或抓取重物,可能会选用。

4.2.4 液压驱动器

功能:液压执行器通过液压油流动的压力来驱动。液压驱动器可以提供强大而精确的控制,适合高负载的场合。

应用:液压驱动器在社交型机器人中应用较少,但在需要强力操作的工业机器人中应用广泛。

4.2.5 仿生驱动器

功能:仿生驱动器用于控制仿生肌肉(如电活性聚合物或形状记忆合金)的运动。仿生驱动器是控制仿生肌肉运动的执行单元,用于控制这些材料的收缩和伸展。

应用:用于更具生物仿真效果的机器人,使机器人的运动更加自然,如手指和关节的柔和运动。

4.2.6 触觉反馈驱动器

功能:控制触觉反馈设备,通过振动或压力反馈增强用户与机器人之间的互动。该驱动器调节振动的强度和频率,以提供不同的触觉体验。

应用:用于机器人的触觉反馈系统,模拟触摸或按压的感觉,增强互动性。

4.2.7　面部表情驱动器

功能:控制机器人的面部表情动作,驱动小型伺服电机或其他执行机构,以改变机器人的面部部件,如眼睛、嘴巴或眉毛的位置,生成表情。

应用:使机器人能够通过面部表情与用户进行情感交流。

4.2.8　移动驱动器

功能:用于控制机器人移动系统的驱动器,主要用于轮式、履带式或双足行走机器人。它调节电机的功率和速度,以控制机器人的移动速度和方向。

应用:用于社交型机器人实现导航和定位功能。

4.2.9　多轴驱动器

功能:用于同时控制多个轴的运动,通常应用于具有多自由度(degree of freedom, DOF)的机械臂或机器人。它能够协调多个电机的运动,以实现复杂的动作。

应用:用于需要协调多关节运动的场合,如仿人机械臂或腿部的运动控制。

4.2.10　振动驱动器

功能:用于驱动振动执行器,产生微小的振动反馈,常用于提升人机交互的触觉体验。

应用:例如,当机器人触摸到用户时,产生轻微振动以增强用户的触觉感知。

4.2.11　智能驱动器

功能:智能驱动器集成了传感器和反馈机制,能够实时监控执行器的状态(如位置、速度、温度等),并根据反馈进行动态调整。它能够自适应地控制动作,提供更精确和高效的执行控制。

应用:用于复杂且需要精确控制的执行机构,确保机器人动作的平稳与准确性。

4.2.12　无线驱动器

功能:这些驱动器可以通过无线信号(如 Wi-Fi 或蓝牙)接收控制信号,减少机器人内部的有线连接,提升灵活性和可操作性。

应用:适用于支持模块化设计或远程控制的社交型机器人,尤其在互动场合中,可以使机器人移动更加自如。

以上这些驱动器通过有效控制执行机构，帮助社交型机器人执行多样化、精确的物理动作，从而实现复杂的人机交互功能，如移动、手势、表情及多种行为表现。

4.3 传感器

社交型机器人的传感器是其感知外界环境和与用户进行互动的重要部件。这些传感器为机器人提供感知能力，使其能够识别和理解周围环境中的信息，包括语音、视觉、触觉等。本节介绍社交型机器人常用的传感器类型及其功能。

4.3.1 视觉传感器

（1）摄像头（camera）

①功能：捕捉静态图像和动态视频，用于识别物体、人脸、手势、动作等。视觉信息可以利用图像处理算法进行分析，以帮助机器人理解周围环境。

②应用：用于人脸识别、情感识别、物体识别、手势控制等任务。

（2）深度摄像头（depth camera）

①功能：捕捉物体的深度信息，实现三维空间中的距离感知。通常采用结构光、飞行时间（time of flight，ToF）或双目立体视觉等主流测距技术。

②应用：用于 3D 建模、手势识别、动作捕捉和环境感知，帮助机器人理解空间中的物体位置和用户的身体动作。

（3）红外传感器（infrared sensor，图 4.3.1.1）

图 4.3.1.1　红外传感器

（图片来源：https://www.rcxy.com.cn/news/show/11811/）

①功能：通过检测红外线的发射和反射来感知距离或物体，在弱光或黑暗环境中尤为有效。

②应用：用于距离测量、障碍物检测、夜视或人类的热量识别（如热成像）等。

4.3.2　听觉传感器

（1）麦克风（microphone）

①功能：捕捉声音信号，用于语音识别、情感分析和环境音分析。通常采用麦克风阵列，可以识别声音来源的方向和过滤背景噪声。

②应用：用于语音交互、语音命令控制、用户情绪识别（通过声音中的情感分析）、远场语音识别等。

（2）麦克风阵列（microphone array，图 4.3.2.1）

①功能：由多个麦克风组成，用于捕捉不同方向的声音。通过波束成形技术，麦克风阵列能够增强特定方向的声音，并抑制环境噪声。

②应用：用于精确的语音识别、声音定位以及在人群或嘈杂环境中的语音处理。

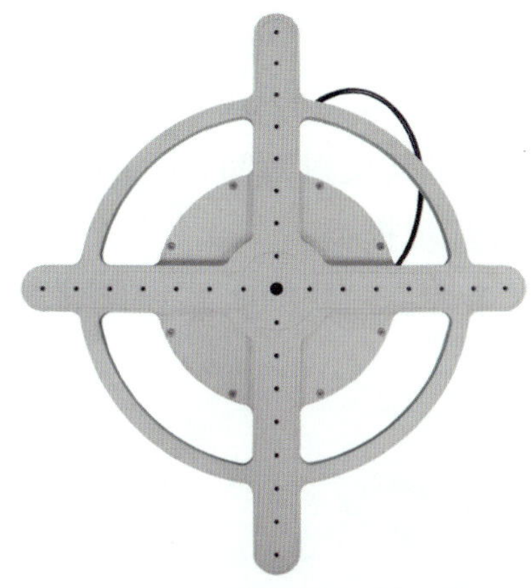

图 4.3.2.1　麦克风阵列

（图片来源：https://baike.baidu.com/item/麦克风阵列/4284734? fr=ge_ala）

4.3.3　触觉传感器

（1）压力传感器（pressure sensor）

①功能：用于检测压力或接触力，通常集成在机器人表面（如手部或身体），用来感知用户的触摸或碰撞。

②应用：用于增强机器人与用户之间的互动体验，例如在握手或抚摸时，机器人能够感知用户的触摸。

(2)力矩传感器(force/torque sensor)

①功能:用于检测外部施加的力或扭矩,帮助机器人精确感知用户施加的物理力量。

②应用:常用于机械臂的抓取动作,确保机器人能够适当地施加力抓取物体或执行细腻的任务。

(3)触觉反馈传感器(haptic feedback sensor)

①功能:提供触觉反馈,感知表面触感、纹理等。这类传感器能够让机器人感知物体的表面属性。

②应用:用于增强机器人在物理接触中的交互能力,如摸到物体时识别其材质,或在人机互动中提供触觉反馈。

4.3.4 距离和位置传感器

(1)超声波传感器(ultrasonic sensor)

①功能:通过发射超声波并检测反射波,测量与物体之间的距离。

②应用:常用于避障系统,帮助机器人在环境中导航和避免与障碍物发生碰撞。

(2)激光雷达(light detection and ranging, LiDAR,图 4.3.4.1)

①功能:通过发射激光并测量其反射时间,生成精确的三维地图,用于重建周围环境和构建机器人周围的详细环境模型。

②应用:广泛应用于导航系统、环境感知、路径规划以及自主避障等场景。

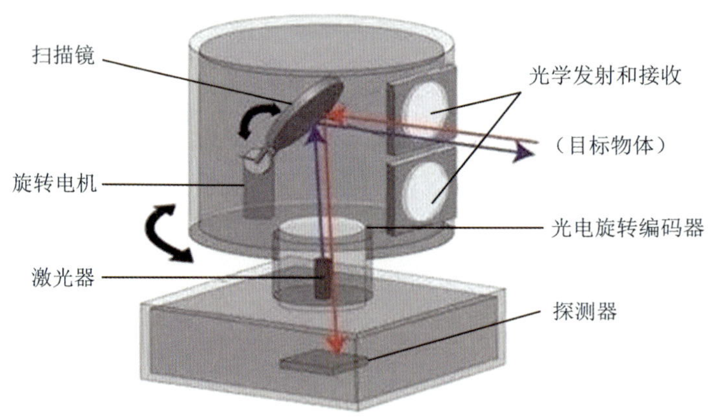

图 4.3.4.1 激光雷达

(图片来源:https://www.nanomacro.cn/news/153.html)

(3)惯性测量单元(IMU)

①功能:包括加速度计和陀螺仪,用于检测机器人的加速度、角速度和倾斜度。

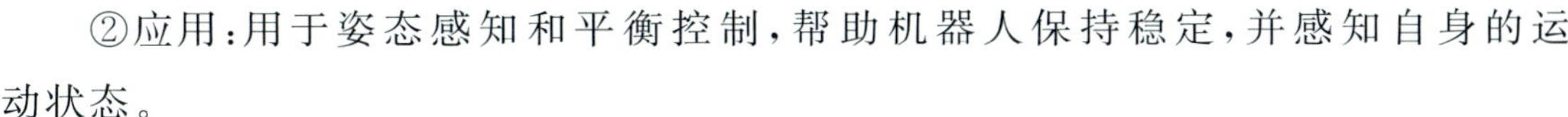

②应用：用于姿态感知和平衡控制，帮助机器人保持稳定，并感知自身的运动状态。

(4)GPS

①功能：用于户外定位，获取机器人在全球坐标系中的位置信息。

②应用：在大型户外社交型机器人中，用于提供精确的位置信息和导航功能。

4.3.5 环境传感器

(1)温度传感器(temperature sensor)

①功能：检测周围环境或机器人本身的温度。

②应用：用于监控环境的温度变化，或者检测机器人内部的温度以防止过热。

(2)湿度传感器(humidity sensor)

①功能：检测空气中的湿度。

②应用：帮助机器人感知环境湿度，以适应不同的操作环境。

(3)光线传感器(light sensor)

①功能：检测环境光线强度，用于调整机器人的视觉系统或行为。

②应用：用于在光线变化的环境中进行适应，如调节机器人屏幕的亮度或切换夜视模式。

4.3.6 表情和情感传感器

(1)人脸识别传感器

①功能：通过图像处理和模式识别技术，识别人脸特征和表情。

②应用：用于辨认用户身份、分析用户情绪，并根据用户的表情做出相应的回应。

(2)情感识别传感器

①功能：结合视觉、语音数据，通过分析用户的面部表情、语音语调等特征，识别用户的情绪状态。

②应用：机器人可以根据用户的情绪做出相应反应，如安慰、鼓励或调节互动内容。

4.3.7 生物传感器

(1)心率传感器(heart rate sensor)

①功能：通过检测用户的心跳频率来获取心率信息。

②应用：用于监测用户的健康指标，并在健康护理型机器人中实现健康提醒与

辅助管理功能。

(2)皮肤电反应(galvanic skin response，GSR)传感器

①功能:通过测量皮肤的电导率变化,感知用户的情绪反应(如紧张或放松)。

②应用:用于分析用户的心理状态,帮助机器人在社交互动中更好地响应用户情绪。

4.3.8 多模态传感器

功能:集成了多种传感器(如视觉、听觉、触觉等)的设备,能够同时感知多种信息,并通过融合算法进行综合处理。注意区分硬件层面的多模态集成(第 4 章)与应用层的多模态融合(第 5 章)。

应用:多模态传感器用于增进机器人对环境和用户的全面理解,使其能同时处理语音、图像、触觉等多维度的输入,提升交互体验。

通过以上介绍的多种传感器,社交型机器人能够感知周围环境的变化,理解用户的意图和情绪,进行更自然、智能的互动。这些传感器使机器人能够感知并响应复杂的社交场景,从而实现更丰富和个性化的交流。

4.4 控制器

社交型机器人的控制器是整个系统的核心,它负责处理从传感器收集的数据,并控制执行机构以完成任务。控制器的主要任务是对机器人的各个部件进行协调,确保机器人能够顺利完成各种动作、交互和反应。本节介绍社交型机器人常用的控制器类型及其功能。

4.4.1 主控制器

功能:主控制器负责协调和管理整个机器人系统的运行,包括数据处理、传感器信息融合、执行机构的协调等。它通常包含强大的处理器,例如 CPU(central processing unit,中央处理单元)或 GPU(graphics processing unit,图形处理单元),用于处理复杂的算法和计算任务。

应用:主控制器是机器人的大脑,负责处理视觉、听觉、触觉等多模态数据,执行路径规划、决策和行为生成等高层任务。

4.4.2 运动控制器

功能:运动控制器专门用于控制机器人的移动和运动部件,如机械臂、轮子或腿

部关节。它可以根据运动规划算法，实时控制各个关节或轮子的运动，使机器人在环境中行走、抓取物体或执行精细的动作。

应用：用于控制机器人肢体的协调运动，确保机器人在行走、转向或执行任务时能够平稳且精准地运动。

4.4.3　语音控制器

功能：语音控制器负责处理用户的语音输入，执行语音识别、语义理解，并将相应的命令传递给机器人执行。语音控制器通常会与麦克风阵列和语音处理算法配合工作。

应用：用于社交型机器人中的语音交互，使机器人能够听懂用户的指令并做出相应回应，实现语音控制、情感分析等功能。

4.4.4　情感控制器

功能：情感控制器通过分析用户的表情、语调、肢体动作等输入，来推断用户的情感状态，并根据结果调整机器人的响应行为。它负责让机器人与用户建立更加个性化和情感化的对话关系。

应用：用于情感识别和响应，使机器人能够与用户建立更深层次的情感联系，如通过表情或语气表达关心或安慰用户。

4.4.5　路径规划控制器

功能：路径规划控制器负责规划机器人的移动路径，确保机器人能够在环境中导航时避开障碍物并到达目标地点。它结合来自传感器的数据，如 LiDAR、摄像头和超声波传感器，实时调整机器人的移动路线。

应用：用于机器人自主导航、环境探索、避障和目标识别等任务，常见于具有移动功能的社交型机器人。

4.4.6　表情控制器

功能：表情控制器控制机器人的面部表情模块，使机器人能够通过微笑、皱眉、眨眼等动作表达情感。该控制器通常与伺服电机和其他执行机构配合，负责实时生成表情动作。

应用：用于增强社交型机器人在与人互动时的情感表达能力，使其更具亲和力。

4.4.7 多模态融合控制器

功能:多模态融合控制器负责整合来自多种传感器(如视觉、听觉、触觉)的数据,并进行综合分析。它能从多维度信息中提取有用的信号,以提升机器人对复杂环境和用户互动的理解。

应用:适用于需要同时处理和分析多种输入的场景,使机器人能够根据视觉、语音、触觉等多方面信息进行综合决策。

4.4.8 智能控制器

功能:智能控制器通过集成人工智能算法,负责处理机器人系统中的高级任务,如自然语言处理、图像识别、情感分析和行为决策。它通常结合深度学习、机器学习等技术,增强机器人的自主学习和自适应能力。

应用:用于复杂的决策和预测任务,使机器人能够在动态环境中调整行为,如根据用户的喜好调整互动方式、学习新的技能等。

4.4.9 姿态控制器

功能:姿态控制器用于维持机器人的平衡和稳定性,特别是对双足行走或有复杂肢体运动的机器人来说至关重要。它结合惯性测量单元(IMU)和其他传感器的数据,调整机器人的姿态。

应用:确保机器人在移动或执行复杂动作时保持平衡和稳定,例如防止机器人在行走时跌倒或失去平衡。

4.4.10 安全控制器

功能:安全控制器监控机器人的操作,确保其行为在安全范围内执行,防止对用户或环境造成伤害。它可以实时监测各个部件的状态并在异常情况下采取保护措施,如立即停止操作或进入安全模式。

应用:用于确保机器人与人类在交互过程中的安全性,特别是在用户与机器人之间有物理接触时,可自动调节动作速度和力度,避免意外伤害。

4.4.11 网络控制器

功能:网络控制器负责管理机器人与外部设备或云端服务之间的通信。它通常

应用于设备联网场景，使机器人能够与其他设备共享数据或从云端获取处理能力。

应用：用于机器人与物联网(internet of things，IoT)设备、服务器或其他机器人之间的通信，实现远程控制、数据同步和多机器人协作。

4.4.12　分布式控制器

功能：分布式控制器将不同模块的控制任务分散到多个控制单元中，实现分布式计算和控制，尤其适用于复杂的多功能机器人系统。

应用：用于大型或复杂系统，使每个子系统能够独立运行并相互协调，如多机械臂、多传感器系统中的模块化控制。

4.4.13　自主学习控制器

功能：通过强化学习等技术，自主学习控制器能够从机器人与环境、用户的交互中不断学习优化机器人的行为。它可以在反复尝试中改进任务执行的效果，提高机器人的自适应能力。

应用：适用于需要机器人不断学习和进化的场景，如根据用户的偏好调整互动方式或提高任务执行效率。

通过这些不同类型的控制器，社交型机器人能够有效地处理来自环境和用户的多种输入，实时调整其行为，执行各种任务。这使得机器人具备灵活的运动、自然的人机交互和高度的智能化表现。

第5章

社交型机器人核心技术

5.1 身——手脚臂腿——传感与运动,柔性传感与自适应运动技术

5.1.1 传感与运动技术

机器人传感与运动技术是机器人技术的核心组成部分,直接决定了机器人的智能化和自主性。这些技术通过传感器和执行机构的紧密集成,使机器人能够感知环境、处理信息并执行相应的动作。

5.1.1.1 机器人传感技术

传感技术让机器人能够"看、听、触、感知",它们为机器人的决策和动作提供数据支持。根据感知的种类,传感技术分为以下几类:

(1)视觉传感技术

视觉是机器人最重要的感知手段之一,通常通过摄像头、激光雷达(LiDAR)和深度相机来实现。视觉传感技术广泛应用于机器人导航、目标识别、物体抓取等任务。

①摄像头:可以获取2D图像或视频数据,用于物体识别、定位、路径跟踪等。

②深度相机:能感知环境的深度信息,帮助机器人构建3D模型,用于自主导航、避障和抓取物体。

③激光雷达:通过激光束扫描环境,生成环境的高精度2D或3D地图,常用于自主驾驶和室内导航。

(2)力觉与触觉传感技术

力觉和触觉传感器使机器人能够感知与物体的接触及施加的力。

①力矩传感器:用于测量机械臂在关节处受到的力和扭矩,确保机器人运动的

精确性和安全性。

②触觉传感器：装在机器人的手指或表面上，可以检测到接触、压力或表面纹理变化，常用于机器人抓取和操作任务。

(3)惯性测量单元(IMU)

惯性测量单元(IMU)由加速度计和陀螺仪组成，能够检测机器人的加速度、倾斜角度和旋转速度。惯性传感器广泛应用于移动机器人和无人机系统，主要实现导航定位、姿态控制和稳定等核心功能。

(4)距离和环境感知传感器

①超声波传感器：通过超声波反射计算与障碍物的距离，适合近距离避障和室内导航。

②红外传感器：通过红外线探测物体和距离，常用于避障。

③气体传感器：检测特定气体浓度，常用于环境监控、智能家居和工业安全应用。

5.1.1.2　机器人运动技术

运动技术是机器人实现目标的核心，涵盖了从简单的移动到复杂的操作和交互。运动控制系统通常包括执行系统（如电机、液压或气动驱动系统）和运动控制算法。

(1)执行系统

①电机：电机是最常见的执行机构，通常用于驱动轮子、机械臂等。伺服电机因其高精度控制能力，广泛应用于工业机器人和自动化设备中。

②步进电机：能够通过小步进的方式精确控制角度，常用于需要高精度和重复性操作的任务。

③液压和气动驱动：在需要较大力量和承重能力的情况下，液压或气动系统通常用于驱动重型机械或机器人。

(2)运动控制技术

机器人运动控制通过计算和控制关节或移动部件的速度、加速度和位置来实现精确运动。以下是常见的运动控制技术：

①闭环控制：通过反馈传感器（如位置传感器、速度传感器）获取执行机构的实时数据，调整控制信号以实现精确的目标运动。PID 控制器是常见的闭环控制算法。

②轨迹规划：为了确保机器人沿预定路径移动，轨迹规划算法根据目标点、障碍

物和运动限制计算出最优路径。它广泛用于工业机器人和自主移动机器人。

③动力学与运动学控制：动力学控制考虑机器人的力和力矩，而运动学控制则侧重于位置和速度。运动学主要用于路径规划，而动力学用于确保运动的安全和稳定性。

(3)移动技术

根据不同的应用场景，移动机器人的运动方式有所不同，以下是几种常见的机器人移动技术：

①轮式移动：轮式机器人具有出色的地面移动性能，广泛应用于物流、清洁等任务。

②履带式移动：适合复杂地形，救援机器人、探测机器人等常采用履带式移动结构。

③腿式移动：模仿动物行走，通过关节运动实现移动，适合不规则地形，典型代表包括四足机器人和双足机器人。

5.1.1.3 传感与运动技术的协同

传感技术和运动技术协同工作是机器人能够自主化、智能化的关键。传感器收集环境数据并反馈给运动控制系统，运动控制系统根据传感器提供的信息动态调整机器人的运动参数。

例如，在自主导航的机器人中，激光雷达传感器会实时采集环境数据，并根据障碍物的位置调整机器人的运动路线。与此同时，内部的惯性传感器有效保障机器人姿态的稳定，防止其倾倒或失控。

在机器人抓取任务中，力矩传感器实时监测抓取过程中的受力情况，以确保抓取的稳定性，同时通过视觉传感器调整抓取位置，确保精确操作。

5.1.1.4 先进的传感与运动技术趋势

(1)人工智能与深度学习

通过将深度学习和神经网络技术与传感器融合，机器人能够自主识别和理解复杂环境中的物体，并做出智能决策。

(2)多模态传感

结合视觉、触觉、力觉等多种传感器信息，增强机器人对环境的综合感知能力。

(3)柔性机器人与软体运动控制

柔性机器人利用新型材料，能够像生物体一样运动，满足复杂环境和任务的需求。

传感与运动技术的结合不仅提升了机器人执行任务的能力，也使得机器人能够在工业、医疗、服务等多领域展现出更强的自主性和灵活性。

5.1.2　柔性传感技术

柔性传感技术是一种基于柔性材料制造的传感器技术，它能够感知各种物理、化学或生物信号，并且具备高度的柔韧性和适应性。相对于传统的刚性传感器，柔性传感器能够更好地贴合曲面，尤其适用于人体可穿戴设备和机器人关节等需要弯曲、拉伸的应用场景。

(1)柔性传感器的主要类型

①柔性压力传感器：通过检测压力或触摸来实现功能，常用于电子皮肤、智能穿戴设备等。

②柔性温度传感器：能够感知环境温度，常应用于健康监测、环境监控等领域。

③柔性应变传感器：通过检测形变(如拉伸、弯曲等)来进行信号转化，特别适用于运动监测、机器人应用场景。

④柔性化学/生物传感器：可以检测化学物质或生物信号，如汗液中的离子、血糖浓度等生物指标，广泛应用于医疗监测、环境监控等。

(2)关键材料

①导电聚合物：如 PEDOT 等材料，具有良好的导电性和柔性。

②碳基材料：石墨烯、碳纳米管等具备优异的导电性、机械性能和柔性。

③金属纳米线：如银纳米线，既能提供导电性，又具有良好的延展性和柔性。

④液态金属：如镓合金，具有良好的导电性和可变形性。

(3)应用领域

①医疗健康：可用于实时监测心率、呼吸、体温、血压等生命体征。

②可穿戴设备：柔性传感器使智能手环、智能衣物等设备更加轻便舒适，提升了用户体验。

③机器人技术：用于制造电子皮肤，使机器人能够具备类似人类的触觉感知能力。

④智能建筑和家居：通过柔性传感器检测环境温湿度、光照强度等，实现智能控制。

(4)未来发展方向

柔性传感技术的发展方向包括高灵敏度、低功耗、微型化、与其他智能系统的集成等。随着材料科学和制造工艺的进步，柔性传感器的应用场景将进一步拓展。

5.1.3　自适应运动技术

自适应运动技术(adaptive motion technology)是一种通过传感器、控制系统和算法相结合，使设备或系统能够实时感知环境变化，并根据这些变化自动调整其运动或行为的技术。这项技术在机器人、自动驾驶、医疗设备、仿生学等领域应用广泛，旨在提高系统的灵活性、智能性和适应能力。

（1）自适应运动技术的关键要素

①传感器系统：自适应运动技术依赖各种传感器（如视觉传感器、力传感器、加速度计、陀螺仪等）来感知环境信息。这些传感器可以检测位置信息、障碍物、力量、速度等。

②控制算法：控制算法是自适应运动技术的核心，通过对传感器采集的信息进行实时处理，算法能够做出决策并生成相应的运动控制指令。常用的控制算法包括反馈控制、机器学习算法、最优控制等。

③执行机构：执行机构是完成实际动作的部分，通常包括电机、液压系统或气动系统等。执行机构的动作受到控制算法的直接影响，它们根据反馈信息做出相应调整，使系统能够适应外部环境的变化。

④反馈机制：自适应系统需要反馈机制。通过不断监控系统的运动状态，反馈信息能够进一步优化系统的动作精度和灵活性，从而增强自适应能力。

（2）自适应运动技术的应用领域

①机器人技术：机器人利用自适应运动技术能够在复杂、不确定的环境中进行操作。工业机器人可以根据工作环境的实时变化调整其工作轨迹，服务机器人和仿生机器人则可以在人类环境中自如移动，甚至具备像人类一样的协调和灵敏性。

②自动驾驶：自动驾驶汽车利用自适应运动技术感知道路、交通和天气状况，并根据这些信息自动调整车辆的速度、转向和制动，确保车辆在各种路况下安全、高效地行驶。

③智能假肢和外骨骼：医疗领域中，自适应运动技术使假肢和外骨骼能够根据使用者的意图和环境条件实时调整运动方式，使行动更加自然。用户在步行、跑步或爬楼梯时，这些设备会自动适应不同的运动模式。

④无人机和仿生飞行器：无人机利用自适应运动技术实现在空中稳定飞行，适应风速、气压等外部环境的变化。此外，仿生飞行器模仿鸟类或昆虫的飞行动作，通过自适应运动实现灵活的飞行姿态调整。

⑤体育和康复设备：在体育训练和康复设备中，自适应运动技术用于监测运动员或患者的状态，并根据其体能水平和康复进度动态调整运动参数，提供个性化的训练或治疗方案。

(3)未来发展方向

未来,自适应运动技术将在多领域的融合和应用上取得更大进展,包括更智能的算法、更高精度的传感器、更轻巧的执行机构等。同时,随着机器学习和人工智能的发展,设备在复杂环境中的自适应能力将进一步提升,推动智能系统的全面进步。

5.2　芯——控制中枢——效率与精度,运动控制技术

5.2.1　机器人控制中枢

机器人控制中枢是机器人的"大脑",负责接收传感器数据、处理信息、生成运动和行为的控制指令,并协调机器人的各个部件以完成预定任务。控制中枢通过集成计算、决策和通信功能,使机器人具备自主行动和环境适应的能力。

(1)机器人控制中枢的组成

①中央处理单元(central process unit, CPU)和图形处理单元(graphic process unit, GPU):

CPU:机器人的核心处理器,负责执行大多数计算任务和决策。CPU 处理机器人的运动规划、控制算法、传感器数据融合等复杂任务。

GPU:在需要处理大量并行计算的任务(如图像处理、深度学习算法时,具有显著优势)。GPU 能加速视觉感知、机器学习等高计算需求的任务,使机器人在复杂环境下快速反应。

②嵌入式控制器:嵌入式控制器专用于控制机器人硬件部分的执行单元,例如电机、关节等。它们通过低延迟的通信协议控制执行机构的运动。这些控制器通常集成实时操作系统(real time operate system, RTOS),以保障系统的响应速度和控制精度。

③传感器接口:控制中枢通过传感器接口与各类型传感器(如摄像头、激光雷达、加速度计、力传感器等)进行通信,获取实时的环境信息。经处理的传感器数据被用于导航定位、障碍物检测、力反馈控制等功能。

④通信系统:控制中枢通过各种通信接口(如以太网、CAN 总线、无线通信)向执行机构传输数据,同时也从传感器和其他模块接收信息。实时、可靠的通信系统是保证机器人运动协调和信息共享的基础。

⑤数据存储与管理:控制中枢中还包含数据存储单元,用于保存系统状态、任务信息、传感器数据和控制日志。机器学习的机器人还需要存储学习模型及其训练数

据，以便在未来的任务中应用和改进。

⑥电源管理系统：控制中枢也负责机器人内部电源的管理，确保各个子系统能够根据其能耗需求获得适当的电力支持，优化机器人整体的能源使用效率。

(2)机器人控制中枢的主要功能

①运动控制：控制中枢接收运动规划模块生成的路径或目标位置信息，通过动力学和运动学计算，生成具体的控制信号，控制机器人的关节、电机或轮子运动。这一功能通常依赖复杂的反馈控制算法，如PID(proportional integral derivative)控制、模型预测控制(model predictive control，MPC)等。

②感知与决策：通过视觉、力觉、触觉等传感器，控制中枢对机器人周围环境进行实时感知，并根据感知到的信息进行决策。例如，服务机器人需要通过摄像头感知周围的人和物体，并做出相应的路径规划和行动调整。

③路径规划与导航：控制中枢根据机器人的任务需求和实时感知的数据进行路径规划。它能利用地图建构、环境建模等算法，设计最优的运动路径，并实时避开障碍物。导航系统对于移动机器人、自主车辆和无人机的自主运行尤为重要。

④行为协调：控制中枢需要协调机器人的各个部件，使其协同工作。例如，在机器人手臂抓取物体时，控制中枢必须同时控制机械手的运动、抓握力的调整和摄像头的反馈，以确保抓取的精确性和安全性。

⑤学习与自适应：通过机器学习、强化学习等算法，机器人控制中枢可以不断优化其行为和决策过程。例如，机器人可以在反复执行某个任务时通过学习减少错误、提高效率。此外，控制中枢还能根据环境变化自适应地调整控制策略，提升机器人的自主性。

(3)机器人控制中枢的典型架构

①集中式控制：集中式控制将所有控制计算集中在一个强大的中央控制器中。该架构的优点是系统设计简单，便于统一调度和优化。然而，它的缺点是对于复杂的多模块机器人而言，通信延迟和单点故障风险较高。

②分布式控制：分布式控制将控制任务分散到多个局部控制器中，每个局部控制器独立负责特定的子系统(如机械臂、摄像头、动力系统等)。这些局部控制器通过通信网络共享信息、协同工作。分布式控制系统更具容错性，适合大型或复杂的机器人系统。

③层次化控制：层次化控制架构通过将控制系统分为不同的层次来处理不同的任务。例如，高层负责任务规划和决策，中层负责运动控制与行为协调，底层负责实时的硬件控制。层次化控制在复杂机器人系统中(如工业机器人或自主移动机器人)得到广泛运用。

(4)机器人控制中枢的应用实例

①工业机器人:工业机器人控制中枢主要处理高速、高精度的任务,确保焊接、组装、搬运等操作的精确性和稳定性。这类控制中枢通常集成了运动控制、传感器融合和力反馈功能。

②自主移动机器人(autonomous mobile robot, AMR):AMR通过控制中枢实现环境感知、路径规划和自主导航。控制中枢能够处理大量的传感器数据(如激光雷达、视觉信息)并实时生成导航路径,保证机器人在复杂环境中移动灵活。

③医疗手术机器人:手术机器人需要高精度的控制中枢来执行复杂的外科手术操作。控制中枢结合医生的控制输入和实时的力反馈数据,确保机械臂在手术过程中精确运动,减少人为误差。

④服务机器人:服务机器人的控制中枢负责处理复杂的人机交互任务,例如通过语音指令识别或视觉识别等方法与用户互动。它还负责路径规划和环境适应,使机器人能够在动态环境中自由移动。

(5)未来发展方向

机器人控制中枢的发展趋势包括以下几点:

①更智能的学习能力:随着人工智能技术的进步,未来的控制中枢将具备更强的自学能力,能够根据不同任务自动优化控制策略。

②实时性和高效性:通过改进算法和硬件架构,机器人控制中枢的实时响应能力和处理效率将进一步提升,特别是在多任务处理和复杂环境感知方面。

③边缘计算与云端协同:边缘计算可以使机器人在本地执行高效决策,而复杂的计算和深度学习任务可以通过云端协同完成,提升控制系统的灵活性和扩展性。

5.2.2 机器人运动控制技术

机器人运动控制技术是使机器人能够精确执行各种运动任务的核心技术。它涉及通过传感器感知环境和自身状态,并利用算法和执行机构实现运动控制。这项技术广泛应用于工业机器人、服务机器人、医疗机器人、仿生机器人,其目的是使机器人能够完成指定任务,并在不同的环境中具备稳定的运动能力。

(1)机器人运动控制的关键要素

①运动规划:

路径规划:机器人在执行任务时需要规划运动路径,以避开障碍物并优化运动路线。常用的方法包括基于图论的A*算法、Dijkstra算法,以及快速遍历随机树

(rapidly-exploring random tree, RRT)等。

轨迹生成:在确定路径后,机器人需要生成具体的运动轨迹,通常包括位置、速度和加速度的连续变化。这部分涉及时间优化、平滑性和动力学约束等。

②动力学控制:动力学控制基于机器人的力学模型,通过精确控制建模质量、惯性、关节扭矩等物理参数,实现精确的运动控制。常见的控制方法有逆动力学控制、自适应控制和鲁棒控制等,确保机器人在复杂环境下的运动精度和稳定性。

③位置控制与速度控制:位置控制主要用于精确定位机器人关节或末端执行器。PID(比例—积分—微分)控制是最常用的控制方法之一,用于保持目标位置与实际位置之间的最小误差。

速度控制:用于维持机器人在运动执行过程中的速度稳定性,常与位置控制结合使用,以优化机器人的运动轨迹并提高其运动效率。

④力反馈控制:在机器人与外界环境发生交互时,力反馈控制可以让机器人感知并响应施加的力量。例如,在装配任务中,机器人能感知拧紧螺丝的力度,在达到合适的扭矩时停止操作。常见的力反馈控制方法包括阻抗控制和位置/力混合控制。

⑤实时反馈与传感器融合:通过安装各种传感器(如视觉传感器、激光雷达、加速度计、陀螺仪等),机器人可以实时感知周围环境和自身运动状态。传感器融合技术能够将多个传感器数据进行综合处理,提供更准确的位置信息和状态估计,从而优化机器人运动控制。

(2)机器人运动控制的主要方法

①开环控制:开环控制不依赖反馈,只根据预设的控制信号进行运动。它通常用于对运动精度要求不高或环境变化较小的场景。缺点是无法纠正由外界干扰或自身误差导致的偏差。

②闭环控制(反馈控制):闭环控制通过实时采集运动状态反馈信息不断调整控制信号。PID 控制是最常见的闭环控制方式,通过调节三个参数(比例、积分、微分),闭环控制系统能够实现对运动过程的实时校正。

③自适应控制:自适应控制适用于环境或系统参数不确定的情况,能够根据实时反馈动态调整控制策略。例如,机器人在不同载荷下移动时,自适应控制能自动调整参数以适应新的动力学条件。

④预测控制:预测控制基于机器人未来的运动状态和外部环境变化进行预判,从而提前做出决策。这种控制方法通常使用模型预测控制(MPC),在考虑系统约束的前提下进行优化,确保机器人的运动平稳且高效。

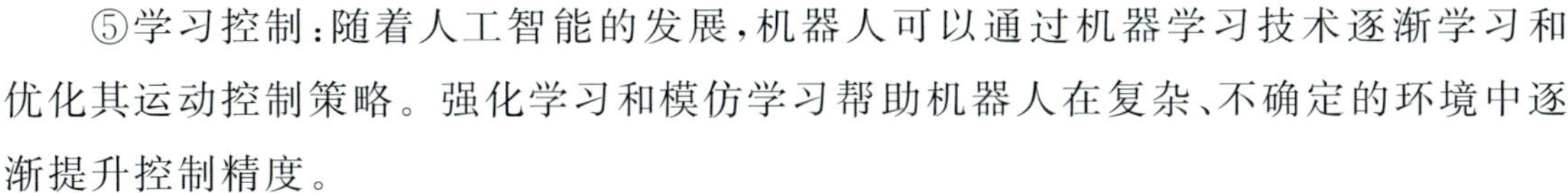

⑤学习控制：随着人工智能的发展，机器人可以通过机器学习技术逐渐学习和优化其运动控制策略。强化学习和模仿学习帮助机器人在复杂、不确定的环境中逐渐提升控制精度。

(3)应用场景

①工业自动化：在制造业中，机器人常用于焊接、搬运、装配等任务。通过精确的运动控制，工业机器人能够实现高效、稳定的操作，提高生产效率。

②服务机器人：服务机器人需要在人类环境中工作，如清洁机器人、送餐机器人等。它们需要具备安全可靠的运动控制，能够自主导航、避障，与人类交互。

③医疗机器人：在手术机器人领域，运动控制技术至关重要。手术机器人需要非常高的精度和稳定性，以完成微创手术等高难度操作。

④仿生机器人：仿生机器人通过模仿自然界中的生物运动(如步行、游泳或飞行)，利用运动控制技术实现逼真的动作和灵活的环境适应能力。

(4)未来发展方向

随着人工智能算法、传感器技术和计算能力的发展，机器人运动控制技术将朝着更智能、更精确的方向发展。结合深度学习和强化学习，机器人能够自我学习和优化运动控制策略，实现更高水平的自主性和适应性。此外，软体机器人技术的发展也将在机器人运动控制领域带来新的挑战和机遇。

5.3　头——视听嗅说——识别与表达，计算机视听觉与自然语言处理技术

机器人识别与表达是指机器人通过感知外界信息进行识别和理解，并通过一定的方式向外界传达信息和情感的过程。这两方面共同决定了机器人与人类及环境的交互能力，在智能机器人、服务机器人、仿生机器人等领域有着广泛的应用。识别通常依赖于传感器、算法和数据处理技术，而表达则涉及语音、肢体动作和面部表情等多种形式。

5.3.1　识别与表达

(1)机器人识别技术

机器人识别是机器人感知外部环境和理解任务需求的过程。常见的识别类型包括视觉识别、语音识别、物体与触觉识别以及情感识别等。

①视觉识别：视觉识别是通过摄像头和图像处理技术识别物体、场景、人脸或文

字。机器人可以利用深度学习、卷积神经网络(convolutional neural networks，CNN)等技术对环境进行实时感知。

人脸识别:机器人可以识别人脸并进行身份确认,在人机交互场景中广泛使用,典型应用如服务机器人或安保机器人。

物体识别:通过视觉系统,机器人能够识别周围物体的种类、形状、颜色,并对这些物体进行抓取、搬运等操作。

环境感知:机器人利用视觉技术构建周围环境的3D地图,从而进行导航或障碍物检测,这对自主移动机器人(AMR)非常重要。

②语音识别:机器人能够理解人类的语言指令。机器人通过麦克风采集语音数据,并使用自然语言处理(NLP)和深度学习模型进行语音转文字(automatic speech recognition，ASR)和语言理解。

指令理解:机器人可以识别并理解用户的语音指令,如让机器人执行某个特定动作或回答问题。

对话系统:通过将语音识别与对话系统结合,机器人能够与人类进行多轮对话,提升用户体验。

③物体与触觉识别:触觉识别技术通过传感器(如力传感器、触觉传感器)感知机器人与物体或环境之间的接触信息,帮助机器人感知物体的硬度、形状、表面纹理等特性。

抓取控制:机器人利用触觉识别技术可以精确控制抓取力度,防止物体损坏或掉落,这在工业和医疗领域应用广泛。

④情感识别:通过分析人的面部表情、语音语调和肢体动作,机器人可以识别人的情感状态,如快乐、愤怒、悲伤等。这在服务机器人和陪伴机器人中尤为重要,能够显著提升人机交互的自然性和用户接受度。

(2)机器人表达技术

机器人表达技术是指机器人通过各种形式向外界传递信息或情感的能力。常见的表达方式包括语音表达、面部表情、肢体动作与姿态等。

①语音表达:语音合成(text-to-speech，TTS)技术使机器人能够将文本转化为自然流畅的语音进行表达。机器人通过语音反馈提供信息、回答问题或传达情感。

自然语言生成:机器人不仅能够根据预设文本输出语音,还可以基于对话系统实时生成新的回复,从而与人类进行更自然的交流。

情感语音:通过调整语音的音调、速度、音量等参数,机器人能够表达不同的情感,如欢快的语调、安抚性的语气等。

②面部表情：仿生机器人或社交型机器人可以通过控制面部的表情（如眼睛、嘴巴、眉毛的动作）来表达情绪。表情的变化能够增加机器人与人类的情感连接。

情感表情：一些高级机器人，如仿生机器人 Sophia，能够通过面部肌肉模拟器做出微笑、皱眉、惊讶等表情，从而实现对话过程中情感状态的实时反馈。

眼睛追踪与眨眼：机器人还可以通过眼球运动、眨眼来模仿人类的自然行为，增强人机交互中的真实性。

③肢体动作与姿态：机器人可以通过肢体动作来表达意图和情感。例如，服务机器人可以做出“欢迎”手势，仿生机器人可以模仿人类的走路、跳舞等动作。

肢体语言：机器人通过手臂、腿部的运动来表达某种意思或意图，如挥手、点头、鼓掌等。

姿态控制：机器人能够根据环境或任务要求调整自己的姿态，保持平衡或避免碰撞。这对机器人在动态环境中的表现尤为重要。

④显示与视觉表达：除了肢体语言和语音，机器人还可以通过屏幕显示情感或信息。例如，带有显示屏的社交型机器人可以通过表情符号或动画展示其当前的状态和情感。

信息显示：机器人可以通过显示屏传递文字、图片或动画来补充语音表达。

情感显示：简单的面部表情或图标能够增强机器人的情感表达，如笑脸、心形图标等。

（3）机器人识别与表达的协同

机器人识别与表达通常是相辅相成的。通过感知外部世界，机器人能够做出相应的反馈或表达行为。以下是一些典型的场景：

①人机对话：机器人通过语音识别理解用户的问题，并通过语音合成技术生成自然语言的回答，同时结合面部表情和手势增强沟通效果。

②情感交互：机器人能够通过视觉识别和情感分析监测用户的情绪变化（如面部表情或声音中的情绪），并根据检测到的情绪做出相应的情感反馈，例如用安抚性的语气和表情回应用户的悲伤情绪。

③任务执行与反馈：当机器人识别到目标物体并完成相应任务时，可以通过语音或肢体动作向用户反馈任务状态。例如，在服务机器人送餐时，它可以识别用户并确认订单，同时用语音或肢体表示任务完成。

（4）机器人识别与表达的应用

①服务机器人：服务机器人通过识别用户身份、环境变化和语音指令，为用户提供个性化服务。在表达方面，服务机器人通过自然的语音和肢体动作提升用户

体验。

②社交型机器人：社交型机器人专注于与人类的情感交流。通过人脸识别和情感识别，机器人能够理解用户的情绪，并通过面部表情和语音语调表达同情、安慰或鼓励。

③医疗和陪伴机器人：这些机器人需要具备识别老年人或病患的状态（如健康数据、表情、行为变化），并通过温和的语音和肢体动作提供情感支持和帮助。

④仿生机器人：仿生机器人不仅要具备高级的运动控制，还需要通过视觉、语音等手段识别外部环境，并以接近人类的方式表达情感和行为，例如模仿人类的面部表情和身体动作。

（5）未来发展方向

机器人识别与表达技术的未来发展可能包括：

①更自然的情感表达：通过先进的传感器和仿生技术，机器人能够表现出更细腻、真实的情感，与人类的互动也将更加自然和富有情感。

②跨模态交互：机器人能够将语音、视觉、触觉等多种感知方式结合起来，实现更加丰富和复杂的识别与表达。

③自适应学习能力：机器人可以通过自我学习，逐渐优化其识别和表达能力，以适应不同的用户需求和环境变化。

5.3.2 计算机视听觉

计算机视听觉（computer vision and audition）是指计算机模拟或复制人类的视觉和听觉能力，从而理解和处理图像、视频、声音及语音信息的技术。它属于人工智能和机器学习的范畴。通过运用算法、传感器和处理技术，计算机能够感知、解释和生成视觉和听觉信息。视听觉技术在自动驾驶、智能监控、人机交互、虚拟现实等领域有广泛的应用。

5.3.2.1 计算机视觉

计算机视觉主要研究如何使计算机具备“看”的能力，即从图像或视频中提取有用信息并进行理解和处理。它包括图像处理、模式识别和深度学习等多个领域的技术。

（1）计算机视觉的关键任务

①图像分类：给定一幅图像，确定图像中包含的对象类别。通过深度学习中的卷积神经网络（convolutional neural network，CNN），计算机可以自动识别物体（如猫、车、人）并进行分类。

②物体检测:除了识别图像中的物体,物体检测还能定位这些物体的位置。常用的算法包括 YOLO(You Only Look Once)、R-CNN 系列等,这些算法可以标注出物体在图像中的具体位置和类别。

③图像分割:图像分割能将图像中的不同区域划分出来,例如将前景与背景分离,或者为每个像素赋予不同的标签。语义分割(semantic segmentation)是其中一种常见形式,它能对每个像素进行分类。常用模型有 SAM(segment anything)。

④人脸识别:使用人脸识别技术能够识别并验证图像或视频中的人脸,已经广泛应用于安防、支付、社交网络等领域。它依赖于人脸检测、关键点提取和特征匹配等算法。

⑤姿态估计:姿态估计用于识别人体的关节位置,并重构三维姿态信息。该技术在体育分析、动作捕捉和增强现实(AR)等多个领域具有广泛应用。

⑥视觉理解:高层次的视觉理解包括对场景、物体关系、行为等的理解。例如,场景理解技术可以识别图像或视频中包含的复杂关系,如"一个人在拿杯子"。

⑦三维重建:通过多视角图像或视频,计算机可以生成物体或场景的三维模型。这在无人驾驶、虚拟现实和机器人导航中应用广泛。

(2)计算机视觉的关键技术

①卷积神经网络(CNN):CNN 是深度学习中的一种特殊网络架构,适用于图像处理任务。它能够通过层级化的卷积层自动提取图像的局部和全局特征,并通过这些特征实现分类、检测等任务。

②生成对抗网络(generative adversarial network, GAN):GAN 是一种能够生成逼真图像的深度学习模型,它包括生成器和判别器的对抗训练。GAN 广泛应用于图像生成、风格迁移、超分辨率图像等领域。

③光流估计:光流是图像序列中的像素运动,使用光流估计技术可以计算视频中物体的移动速度和方向,常用于目标跟踪和运动分析。

④目标跟踪:目标跟踪技术用于在视频中实时跟踪特定目标的位置和运动轨迹。常用的算法包括 KCF(kernelized correlation filters)和 Siamese Network。

⑤视觉 SLAM(simultaneous localization and mapping):SLAM 是机器人或无人驾驶中的关键技术,其能实现在未知环境中同时构建地图并估计自身位置。视觉 SLAM 通过摄像头获取图像,结合计算机视觉算法,实现精准的定位和地图构建。

5.3.2.2 计算机听觉

计算机听觉,通常称为机器听觉或计算机语音处理,涵盖了从声音中提取、分析和生成信息的技术。它与自然语言处理、音频信号处理和机器学习紧密相关。

(1)计算机听觉的关键任务

①语音识别:语音识别(automatic speech recognition, ASR)是将语音信号转换为文本的过程。它广泛用于虚拟助手(如 Amazon Alexa、Apple Siri)、语音控制设备和转录服务中。

②语音合成:语音合成(text-to-speech, TTS)技术用于将文本转换为自然的语音输出。深度学习模型,如 WaveNet,显著提升了语音合成的流畅度和自然性。

③声音分类:计算机可以通过音频分类技术识别声音类型,如交通噪声、动物声音、音乐或人类说话。声音分类在智能音箱、环境监测等领域有重要应用。

④情感识别:通过分析语音中的情感特征,计算机能够判断说话人的情感状态,如愤怒、快乐或悲伤。这项技术在情感计算和人机交互中具有重要作用。

⑤语音分离:语音分离技术用于在嘈杂环境中从混合声音中提取出特定的语音信号。例如,计算机能够将多个人的对话分离成独立的语音流,方便进行后续的语音分析或处理。

⑥语音增强:语音增强技术旨在提高噪声环境下的语音质量,使其更加清晰。例如,在电话或语音会议中,使用这项技术能够有效地去除背景噪声。

(2)计算机听觉的关键技术

①短时傅里叶变换(short-time fourier transform, STFT):STFT 是一种将时间域信号转换到频域的常用工具,用于分析音频信号的频率成分。它是语音识别、语音增强等任务中的基础技术。

②梅尔频率倒谱系数(Mel-frequency cepstrum coefficient, MFCC):MFCC 是一种常用的声音特征提取方法,模拟了人类耳朵对频率的感知。它广泛应用于语音识别和情感识别中。

③递归神经网络(recurrent neural network, RNN)和长短期记忆(long short-term memory, LSTM):RNN 和 LSTM 是处理时间序列数据的深度学习模型,适用于语音信号中的时序关系建模。它们常用于语音识别、语音合成等任务。

④注意力机制:注意力机制广泛应用于自然语言处理和语音处理领域,能够使模型专注于关键的时间片段或特征。在语音识别中,它可以提高模型的准确性和效率。

(3)视听觉技术的融合与应用

①多模态融合:视听觉融合技术结合了视觉和听觉信息来增强机器人、虚拟助手或其他智能系统的感知和理解能力。例如,自动驾驶汽车通过同时分析摄像头图像和环境音频信息,做出更安全的驾驶决策。

②人机交互:通过视觉识别、语音识别和合成技术,计算机可以与用户进行更加自然的交互。例如,虚拟助手可以通过摄像头识别人脸或手势,并通过语音进行回应。

③智能监控:智能监控系统通过结合视觉和听觉技术,能够在实时视频和音频流中自动检测异常事件或行为,如暴力行为、火灾警报等。

④增强现实(augmented reality, AR)和虚拟现实(virtual reality, VR):AR 和 VR 系统利用视觉和听觉技术为用户提供沉浸式体验。视觉跟踪和语音控制技术使用户能够与虚拟世界进行互动,从而增强交互体验。

5.3.2.3　未来发展方向

(1)多模态感知

未来,计算机视听觉将更加注重多模态数据的融合,能够同时理解视频、音频、文本等多种信息,并进行更深层次的分析和推理。

(2)自适应学习

视听觉系统将具备更强的自适应学习能力,能够在不同的环境和应用场景中自动调整感知和处理策略。

(3)人机情感交互

随着情感识别和表达技术的进步,未来的视听觉系统将能够理解和回应人类的情感,并在虚拟助手、服务机器人等领域实现更深层次的情感交互。

(4)高效、轻量化的模型

计算机视听觉领域的高效、轻量化模型能够在移动设备、物联网、边缘设备等资源受限的场景中发挥重要作用。由于计算资源的限制,轻量化模型的需求将越来越大,这将继续推动模型压缩、量化、知识蒸馏和神经架构搜索等方法的发展。

5.3.3　自然语言处理

自然语言处理(natural language processing,NLP)技术是计算机科学与人工智能的一个分支,专注于让计算机能够理解、生成和处理人类自然语言(如语音、文本)的技术。NLP 涉及语音识别、文本分析、机器翻译、情感分析、对话系统等多个领域,广泛应用于搜索引擎、虚拟助手、社交媒体分析等场景。NLP 的核心是通过算法让机器"理解"语言的语法、语义和上下文。

(1)自然语言处理的关键任务

①文本处理。

分词:将连续的文本按词语进行切分,尤其在中文或日文等无明确分词标记的语言中更为重要。分词是文本处理的基础步骤之一，直接影响后续任务的执行效果。

词性标注：为句子中的每个单词分配相应的词性标签（如名词、动词、形容词等），从而帮助系统理解词的语法作用。

句法分析：分析句子的语法结构，识别主语、谓语、宾语等句法成分，构建句法树或依存关系图，帮助计算机理解句子之间的结构关系。

②信息提取。

命名实体识别（named entity recognition，NER）：识别文本中的实体，如人名、地名、组织名、时间等，是文本理解的重要基础。

关系抽取：在命名实体识别的基础上，进一步抽取文本中实体之间的关系，例如“某人是某公司的创始人”这样的信息。

关键词提取：自动识别文本中的重要关键词，快速获取文章的核心内容。

③文本生成。

文本摘要：自动生成文本的简洁版本，保留原文中的重要信息。文本摘要分为抽取式摘要（提取文章中的关键句子）和生成式摘要（通过语言模型生成简短的总结）。

机器翻译：将一种语言的文本自动翻译成另一种语言，典型的系统如 Google 翻译、DeepL 等。现代机器翻译模型广泛应用于基于神经网络的技术，如 Transformer 架构和注意力机制。

对话系统：构建能够与人类进行对话的系统，分为任务型对话系统（如客服机器人）和开放域对话系统（如聊天机器人）。典型的系统包括亚马逊的 Alexa 和 OpenAI 的 ChatGPT。

④语义分析。

词嵌入：将单词转化为具有固定维度的向量表示，保留词与词之间的语义关系。常见的词嵌入技术包括词向量模型、GloVe 模型和更先进的 BERT、GPT 等预训练模型。

情感分析：通过分析文本中隐含的情感（如正面、负面或中立），情感分析广泛用于社交媒体监控、产品评论分析等领域。

文本分类：将文本自动归类到预定义的类别中，典型应用如垃圾邮件检测、新闻主题分类等任务。

⑤语音处理。

语音识别：将语音信号转换为文本。语音识别技术在智能语音助手（如 Apple Siri、Google Assistant）中有广泛应用。

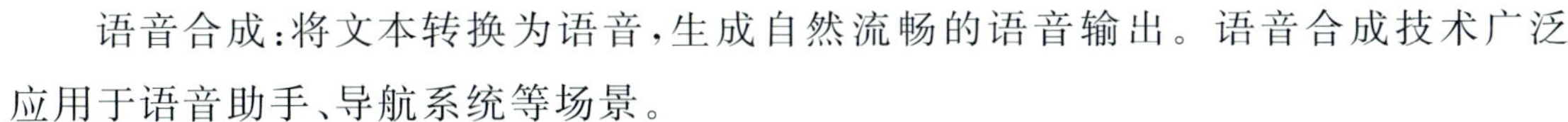

语音合成：将文本转换为语音，生成自然流畅的语音输出。语音合成技术广泛应用于语音助手、导航系统等场景。

⑥信息检索与问答系统。

信息检索：系统通过分析用户输入的查询关键词，在文档数据库中进行匹配检索，最终返回与查询语义相关的文档集合。信息检索技术是搜索引擎（如 Google、Bing）的核心。

问答系统：允许用户提出问题，系统基于知识库或网络信息提供准确的答案。问答系统依赖于自然语言理解、语义分析和信息检索技术。

（2）自然语言处理的核心技术

①统计与机器学习方法：早期的 NLP 依赖统计方法和传统机器学习算法，如隐马尔可夫模型（hidden-Markov model，HMM）、支持向量机（support vector machine，SVM）、朴素贝叶斯等。这些方法通过计算词频、词与词的共现关系来处理语言问题。

②深度学习与神经网络：随着深度学习的发展，基于神经网络的模型逐渐成为 NLP 的主流，尤其是循环神经网络（RNN）、长短期记忆网络（LSTM）、门控循环单元（gated recurrent unit，GRU）等。它们能够处理自然语言中的序列依赖关系，已经在机器翻译、文本生成等任务上取得了显著的成果。

③Transformer 与注意力机制：Transformer 架构由 Vaswani 等人在 2017 年提出，基于注意力机制，它摒弃了 RNN 结构，显著提高了 NLP 任务的效率和性能。Transformer 的核心是自注意力机制（self-attention），它能够捕捉句子中任意位置的词与词之间的依赖关系。

基于 Transformer 的模型如 BERT（bidirectional encoder representations from transformers）和 GPT（generative pre-trained transformer）成了 NLP 领域的基石。

BERT：BERT 是一种双向的预训练语言模型，能够从上下文中理解词的含义，并在句子理解、文本分类、问答等任务上表现优异。

GPT：GPT 是生成式模型，专注于文本生成和对话任务，通过自回归的方式逐步生成文本。GPT 模型广泛应用于对话系统、内容生成等场景。

④预训练与微调：现代 NLP 模型的训练通常分为两个阶段：预训练和微调。

预训练：模型在大规模的通用文本语料上进行预训练，学习到通用的语言表示。BERT、GPT 等模型都属于预训练模型。

微调：在特定任务上，使用较小的任务相关数据对预训练模型进行微调，以适应特定的任务需求。

这种方法能够在减少任务数据量需求的同时，显著提高模型性能。

(3)自然语言处理的应用

①虚拟助手与对话系统:NLP 支持虚拟助手(如 Apple Siri、Amazon Alexa、Google Assistant)的语音识别、语义理解和对话生成。这些系统能够理解用户的语音指令,并执行如查询天气、设置提醒、播放音乐等任务。

②机器翻译:机器翻译(如 Google 翻译、DeepL)是 NLP 的重要应用之一。通过神经机器翻译(neural machine translation, NMT),翻译系统能够自动将文本从一种语言翻译成另一种语言,并达到接近人类翻译的水平。

③文本分析与情感分析:情感分析用于识别文本中的情感倾向,广泛应用于社交媒体监控、客户评论分析等。企业可以通过情感分析技术监控品牌声誉、了解客户反馈并做出相应调整。

④问答系统与搜索引擎:基于 NLP 的问答系统能够回答用户的自然语言问题,广泛应用于智能客服、知识图谱系统等。搜索引擎也利用 NLP 技术对用户的查询进行分析,返回最相关的结果。

⑤自动写作与文本生成:通过 GPT 等模型,NLP 能够生成高质量的文本内容。这些模型可以用于写作助手、新闻生成、自动编写邮件等场景。内容生成技术为媒体、广告等行业带来了显著的生产力提升。

(4)自然语言处理的未来发展

①更自然的人机交互:未来的 NLP 系统将更加擅长理解和生成自然语言,能够实现更自然、流畅的人机对话。这将推动虚拟助手、智能客服等技术的进一步发展。

②多语言和跨文化理解:随着全球化发展,NLP 系统需要在更多语言之间实现高效的理解与翻译,并且跨越不同文化、语境的理解障碍。

③情感和意图识别:未来的 NLP 技术将不仅仅是分析文本,还能深入识别文本中隐含的情感和意图,从而使系统更好地理解用户的真实需求。

④可解释性与公平性:未来,NLP 模型将更加注重可解释性,确保系统的决策过程透明,并能减少偏见与歧视,使其在应用中更具公平性。

(5)总结

自然语言处理技术作为人工智能的重要组成部分,通过语音、文本、语义的处理与理解等关键技术,实现了计算机与人类之间更加自然流畅的交互体验。随着深度学习和预训练模型的发展,NLP 正在迅速拓展其应用范围,在翻译、对话、问答系统等领域取得了重大进展,未来的发展前景十分广阔。

5.4 脑——前脑皮丘——记忆与决策,社交型机器人操作系统

社交型机器人操作系统是专门为社交型机器人设计的操作系统,支持机器人与人类进行自然、情感化互动。与传统的机器人操作系统[如 ROS(robot operating system)]主要关注于运动控制、传感器数据处理等不同,社交型机器人操作系统侧重于处理语言理解、面部识别、情感分析、语音合成等功能,以实现更人性化的交互体验。

5.4.1 社交型机器人操作系统的关键特性

(1)自然语言处理(NLP)

社交型机器人需要具备与人类对话的能力,NLP 模块通常包含:

①语音识别:将用户的语音输入转化为文本(常用技术组件如 Google Speech API)。

②对话管理:通过对话系统理解用户意图,并生成适当的响应(常用技术组件如 OpenAI GPT 系列)。

③语音合成:将机器人生成的文本转换为自然的语音输出(常用技术组件如 Google TTS、Amazon Polly)。

(2)情感分析与理解

社交型机器人需要感知和理解用户的情感状态,以便做出相应的反应。典型的技术包括:

①情感分析:从用户的语音或文本中检测情感(如愤怒、快乐、悲伤)。

②面部表情识别:通过摄像头检测用户的面部表情变化(如微笑、皱眉)。

③情绪推断:根据传感器数据、对话历史等,推断用户的情绪状态。

(3)面部和对象识别

通过计算机视觉技术,社交型机器人能够识别用户的身份、性别、年龄或姿态,甚至能够记住长期交互的用户。这类功能通常基于深度学习模型,如:

①面部识别:识别人脸并与数据库中的信息匹配。

②手势识别:理解用户的手势和肢体语言,作为非语言交互的一部分。

(4)多模态交互

社交型机器人能够通过多种方式与用户交互,除了语音交互外,还包括:

①视觉反馈:通过显示屏、指示灯(如眼睛灯光)等来传递信息或情感。

②触觉反馈：有些社交型机器人支持触摸传感器，能够感知用户的触碰或握手。

③肢体动作：机器人可以通过肢体动作（如点头、挥手）来做出回应。

（5）情境感知

社交型机器人需要能够理解周围环境的上下文，以做出智能化的反应。它们可能通过多个传感器（如麦克风阵列、摄像头、雷达）来感知环境，结合用户的位置、时间和历史对话来判断最佳的交互方式。

①个性化与学习：为了增强互动的连续性和深度，社交型机器人通常支持用户个性化设置和自我学习能力。

②个性化对话：根据用户的喜好和历史记录，调整对话内容和风格。

③自我学习：通过与用户不断交互，逐步改善对话的流畅度和情感理解。

5.4.2 社交型机器人操作系统实例

Pepper是一款广泛应用于零售、教育和医疗等领域的社交型机器人，能够识别面部表情，进行多语言对话，并具备感知情绪的能力。其操作系统基于NAOqi平台，集成了语音识别、视觉识别和触摸感应等多种技术。

jibo是一款家用社交型机器人，能够通过语音和触觉与家庭成员互动，支持面部识别和语音命令，并能够记住用户的个人习惯。

NVIDIA Isaac主要应用于机器人开发的高性能平台，但其支持的架构和模块也可以应用于社交型机器人，该技术在计算机视觉和深度学习领域展现出强大的功能特性。

5.4.3 社交型机器人操作系统的挑战

实时性与响应性：社交型机器人需要实时处理来自用户的多模态输入，这对系统的计算能力和延迟有很高的要求。

个性化与隐私：为了提供个性化服务，社交型机器人需要收集用户的个人数据。然而，如何在保护用户隐私的同时提供个性化体验是一个亟待解决的重要课题。

跨平台集成：社交型机器人操作系统通常需要与多种设备、应用和云服务集成，以提供完整的用户体验。

社交型机器人操作系统是机器人技术与人工智能的前沿结合，未来可能会越来越多地融入日常生活。

5.5　感——眼耳鼻口——感知与传递，情境认知交互技术

社交型机器人情境认知交互技术结合了情境感知(context-awareness)和自然语言处理等技术，旨在让机器人具备理解用户的当前状态、环境以及情感的能力，从而实现智能化和人性化的自然交互。这种技术使社交型机器人不仅仅是机械的响应工具，而是有情感理解、背景认知能力的交流伙伴。

5.5.1　核心技术组成

(1)多模态感知(multimodal sensing)

社交型机器人依赖多种传感器来感知用户的情境和环境。这些传感器包括：

①视觉感知：摄像头用于面部识别、表情分析、物体识别和手势检测。例如，通过摄像头，机器人可以识别用户的表情，判断用户是否在微笑、皱眉或专注于某一事物。

②语音感知：通过麦克风进行语音识别和情感分析。机器人不仅能听懂语音中的词汇，还能分析语调、语速等参数来推断情绪状态，如愤怒、悲伤或喜悦。

③触觉感知：某些社交型机器人配备了触摸传感器，可以感知用户的触碰，并根据触觉输入调整其响应。例如，机器人可以通过轻柔的触碰判断用户是否希望继续互动。

④环境感知：通过温度、湿度、光线等环境传感器，机器人能够了解周围环境，如房间的照明或用户所在的空间，进而调整交互方式。

(2)情境建模与推理(context modeling and inference)

机器人不仅要感知环境，还需要理解当前的情境，并根据此做出推理。这包括：

①情境建模：机器人根据感知数据建立一个当前情境的模型，包含用户的行为、情绪、位置和活动。这种模型可以帮助机器人理解当前的互动上下文。

②推理系统：通过推理引擎或机器学习算法，机器人能够根据情境预测用户的意图。例如，若用户显得疲惫，机器人可能会降低音量或建议用户休息。

(3)情感理解与表达(emotional understanding and expression)

情感理解是社交型机器人互动的关键，能够感知和回应用户的情感，使互动更加自然和人性化。该技术包括：

①情感分析：通过分析语音、文本、面部表情和肢体动作，机器人可以判断用户的情感状态。基于这些信息，机器人可以调整其行为，例如，使用更温和的语调或表达关心。

②情感表达：机器人通过表情、语音或动作反馈其情绪状态。例如，机器人可以

通过显示屏或带有表情的“脸”来传递情绪，或通过语音语调的变化表达不同的情感（如愉悦、同情）。

（4）自然语言处理与对话管理（natural language processing and dialogue management）

社交型机器人需要具备自然语言处理（NLP）和对话管理的能力，以便理解用户的语言输入，并在不同情境下生成合适的语言输出：

①语义理解：机器人能够理解语音或文本中的含义，识别用户的意图。例如，用户说“我有点累了”，机器人能推断出用户希望放松或休息的意图。

②对话管理：对话管理模块决定如何在对话中进行回应。基于上下文、用户情绪和历史交互，机器人会生成适合当前情境的对话内容。

（5）行为生成与适应（behavior generation and adaptation）

根据情境和用户的输入，机器人需要生成合适的动作或语言响应。这种响应不仅限于语言，还可能包括肢体动作、姿态、眼神互动等。通过这种方式，机器人能够表现出更加自然的社交行为。例如：

①肢体语言：机器人可以点头、微笑或挥手来回应用户的言语或非言语互动。

②行为适应：机器人根据用户的反应动态调整其行为。如果机器人检测到用户表现出困惑，它可能会进一步解释或重复先前的信息。

（6）个性化与学习（personalization and learning）

为了使互动更加自然和个性化，社交型机器人通常支持用户个性化设置和基于经验的自我学习：

①个性化交互：机器人能够记住用户的偏好、习惯和历史互动。例如，机器人可以根据用户的习惯选择推荐音乐或提供定制化的日常建议。

②学习和自适应：机器人通过持续的交互过程学习用户的行为模式，并随时间优化其互动方式。例如，机器人可以通过机器学习算法逐渐提高对话的流畅性，并更好地响应用户的情感。

5.5.2 应用场景

（1）家庭助手

家用社交型机器人能够帮助用户进行日常事务管理。例如，机器人可以通过情境感知了解家中各成员的状态（如疲劳、忙碌），并在适当时机提醒他们放松或执行任务。

（2）老人陪护

社交型机器人可以在老年护理中发挥作用，特别是对孤独的老人提供情感支持和日常提醒。通过情境感知，机器人可以了解老年人的情绪，并根据他们的需要提供对话和互动，甚至在紧急情况下发出警报。

(3)儿童教育

在儿童教育中，社交型机器人可以根据情境调整教学内容。例如，机器人可以通过观察儿童的学习状态来调整教学节奏或内容，使互动更加有趣和有效。

(4)零售与服务

社交型机器人可以在零售或服务行业中应用，通过识别顾客的情绪或行为来提供个性化的服务。通过分析顾客的语音、表情和行为，机器人可以推荐商品或提供帮助。

5.5.3　挑战与未来发展

(1)情境感知的准确性

虽然社交型机器人已经具备一定的情境感知能力，但准确理解复杂情境和多维情感依然是一个挑战。情感和行为的微妙差异可能难以被现有技术完全捕捉。

(2)隐私与安全

由于社交型机器人需要大量数据来感知和理解情境，因此隐私问题非常重要。如何确保机器人在收集和处理用户数据时保护用户隐私是一个关键问题。

(3)自然语言的理解与生成

虽然 NLP 技术在不断进步，但机器人在理解人类语言中的隐喻、讽刺和语境依赖等方面仍存在挑战。此外，生成的对话如何听起来更加自然、流畅也是一个待解决的问题。

社交型机器人情境认知交互技术在未来将逐渐发展，帮助机器人成为人类日常生活中的更加智能、贴心的伙伴。

5.6　情——喜怒哀乐——情感与传达，情感计算与表达技术

社交型机器人中的情感计算与表达技术(affective computing and expression)是使机器人能够理解、识别、处理和表达情感的核心技术。这些技术通过分析用户的情绪状态，生成合适的情感反应，并通过机器人自身的语言、表情、语气和肢体动作进行表达，从而实现更自然、更具情感共鸣的互动。

5.6.1　情感计算技术的组成

(1)情感感知(affective sensing)

社交型机器人通过多模态感知系统来获取用户的情感线索。这些线索主要包

括语音、面部表情、肢体语言和文本输入。

①面部表情识别:机器人利用摄像头和计算机视觉技术,分析用户的面部表情(如微笑、皱眉、瞳孔变化等),来推断情绪状态。常用技术包括面部关键点检测和情感分类模型。

②语音情感分析:通过语音的音调、语速、音量和情感词汇的分析,机器人可以识别用户的情绪(如愤怒、悲伤、喜悦)。语音情感分析结合了语音识别和情感分类技术。

③肢体语言分析:通过摄像头或传感器,机器人能够分析用户的肢体动作,如手势、姿态和身体的整体表现,来推断用户是否感到放松、紧张或兴奋等。

④文本情感分析:对于基于文字输入的对话,机器人使用自然语言处理(NLP)技术从用户的文本中提取情感线索。通过情感分析算法,机器人可以识别出文本中的情感色彩,如积极、消极、中立等。

(2)情感理解与推理(emotion understanding and reasoning)

在获取情感线索后,机器人需要对这些信息进行处理和理解。

①情感模型:机器人通常使用情感模型来表示和分类情感,常用的模型包括:

情感维度模型:如“情绪三维模型”(情绪强度、愉悦度、唤醒度)或“情感轮盘模型”(如罗伯特·普拉切克的情感轮),这些模型可以帮助机器人将情感分为不同的类型。

离散情感模型:这种模型将情感分类为离散的类型,如快乐、愤怒、恐惧、悲伤等。

②情感推理:通过情感推理系统,机器人可以综合考虑多个输入信息,结合上下文推断用户的情感状态。例如,在用户的语音和面部表情不一致时,机器人可以通过权衡不同信号的权重,推断出用户的真正情感。

(3)情感适应与个性化(emotion adaptation and personalization)

情感计算不仅仅是对用户情感的识别,还涉及如何适应不同用户的情感模式。不同的人对相同的情境可能会有不同的情感反应,因此个性化情感计算对于提供更人性化的互动至关重要。

①个性化情感配置:机器人可以根据用户的情感历史和交互习惯,调整其情感计算模型。例如,对于某些用户,机器人可能需要提供更加积极的反馈,而对于另一些用户,可能需要更温和或谨慎的回应。

②情感适应机制:机器人可以根据用户的反应动态调整其交互模式。如果用户在某一情境中表现出负面情绪,机器人可以逐步降低互动强度或提供安抚性的回应。

5.6.2 情感表达技术的组成

(1)语言表达(verbal expression)

社交型机器人可以通过语音生成系统来表达情感。这种表达不仅限于所说的

内容，还包括语音中的情感成分。

①语调和语速调节：机器人可以通过调整语音的语调、语速和音量来传达不同的情感。例如，愉悦时语调上扬、语速加快，而悲伤时则语调低沉、语速减慢。

②情感语料库：通过情感标注的语料库，机器人可以生成更符合情境的语音表达。情感语料库中的语音样本通过训练语音合成模型，显著提升了生成语音的自然度和情感表现力。

(2)面部表情生成(facial expression generation)

具有显示屏或机械面部的社交型机器人可以通过面部表情来表达情感。这些表情包括微笑、皱眉、惊讶等，以增强与用户的情感互动。

①显示屏表情：带有显示屏的机器人通常通过卡通化的面部表情来表现情感，如软银机器人公司的 Pepper 通过其“眼睛”来展示不同情绪状态。

②机械表情：一些机器人使用机械设计来生成真实的面部表情，如眉毛的抬升或嘴角的弯曲。这类设计可以模拟人类表情，为用户提供更直观的情感反馈。

(3)肢体动作与姿态(body language and gestures)

社交型机器人通过动作和姿态来增强情感表达。例如，机器人可以通过身体的移动或手势来表现情绪，增加了人机交互的生动性。

①手势与动作：通过手臂的挥动、头部的点头或摆动，机器人可以传递情感。例如，机器人愉快时可以做出热情的手势，而悲伤时可能会低头或移动缓慢。

②全身姿态：机器人能够通过整体的姿态调整来传递不同的情感，例如直立代表自信，稍微弯曲的姿态可能表达谦逊或害羞。

(4)多模态情感表达(multimodal emotion expression)

为了更自然地传递情感，社交型机器人通常会结合多种表达方式。机器人可以通过面部表情、语音语调、肢体语言等多模态信号来传达情感，增强互动的真实感。

情感一致性：为了确保情感表达的自然性，机器人需要保证其各个感知渠道(如语音、表情、动作)的情感信号一致。例如，在表达快乐时，机器人不仅应该语调轻快，还应面带微笑并做出愉悦的手势。

5.6.3　应用场景

(1)家用社交型机器人

家用社交型机器人通过情感计算与表达，能够与家庭成员建立深层次的情感联系。它们不仅可以帮助用户完成日常任务，还可以作为情感支持伙伴，通过理解用户的情绪提供关怀和陪伴。

(2)老人护理与陪伴

对于老年人，情感计算和表达可以帮助社交型机器人识别情绪变化并提供安慰和支持。例如，老年人在独处时可能会感到孤独，机器人可以通过友好的交谈、温和的语气和关爱的表情来陪伴他们。

(3)教育与儿童陪伴

在教育环境中，社交型机器人(图 5.6.3.1)可以通过情感计算识别儿童的学习状态和情绪，并据此调整教学内容或方式。当儿童感到困惑或焦虑时，机器人可以通过表达鼓励和关心，帮助孩子提高自信心和学习效果。本场景参见 8.1.2 节的实际应用。

图 5.6.3.1　社交型机器人在教育场景的运用

(图片来源：https://smart.huanqiu.com/article/9CaKrnK3k8b)

(4)医疗和心理支持

在医疗场景中，社交型机器人可以通过情感感知和表达提供心理安慰和情感支持。它们能够检测患者的情绪波动，并通过温和的互动帮助患者缓解焦虑或压力。

5.6.4　挑战与未来发展

情感理解的复杂性：人类情感复杂多样，不同文化、背景下的情感表达可能存在差异。如何让机器人精确理解这些差异仍然是一个挑战。

自然的情感表达：虽然社交型机器人已经具备基础情感表达能力（如表情生成和语音生成），但如何使这些表达更自然、更贴近人类依然需要进行深入研究和系统优化。

隐私与伦理：情感计算涉及对用户情感和行为的深度分析，可能引发隐私和伦理问题。在保护隐私的前提下确保机器人提供个性化的情感服务，仍然是当前需要被慎重考虑的问题。

情感计算与表达技术的持续发展将使社交型机器人能够更加理解人类情感，并通过自然流畅、自适应的表达方式，成为人类的真正情感伙伴。

第6章

社交型机器人云平台

6.1 云平台的搭建

6.1.1 概述

厦门市社交型机器人公共技术服务平台是一款综合性云平台，专注于社交型机器人技术的研发和推广。该平台业务广泛，覆盖助老、教育、娱乐、艺术等领域，已获得139项发明专利授权，并提供设备服务、课程培训及技术合作等一站式服务。

6.1.2 平台架构设计

该平台采用前后端分离架构，后端使用 Spring Boot 和 MyBatis 技术，数据库选用 MySQL，前端借助 Vue.js 和 ElementUI 组件库。通过 RESTful API 进行前后端交互，使用 Axios 库实现动态数据加载。

6.1.3 安全与用户管理

平台采用 Spring Security 框架，实施权限分级管理，同时结合 JWT 认证、数据加密存储和定期备份等手段，确保数据安全。此外，在用户管理方面，引入多因素认证和加密存储密码等多层次安全机制。

6.1.4 未来发展

平台计划引入 AI 技术，以此扩展应用场景。同时，将推出移动端应用，进一步优化用户体验，吸引更多企业和开发者加入，共同推动技术创新与应用。

6.2　云平台的核心功能

6.2.1　通用设备开放共享

通用设备开放共享涉及用户、设备、租赁流程、管理员等多个方面的需求。以下是通用设备开放共享功能的详细需求：

(1)设备目录与展示

①提供一个设备目录，依据设备的类型、用途、性能等进行分类，全面展示各种设备。

②每个设备应包含名称、图片、基本信息、技术参数等详细描述。

③用户和企业可以浏览设备目录，查看设备的可用性和租赁信息。

(2)设备租赁流程

①用户和企业可以自主选择特定设备，提供租赁时间、地点、租期等租赁相关信息。

②租赁流程包括选择设备、确认租期、提交申请表单等步骤。

(3)租赁申请与审核

①用户和企业提交租赁申请后，管理员须对申请进行审核，确认设备可供租赁。

②管理员可以查看租赁申请列表，通过审核或拒绝申请，并给出审核意见。

(4)设备状态管理

①设备应具有可租赁、已租赁、维护中等状态。

②租赁申请通过后，设备状态应更新为已租赁，租赁结束后状态应恢复为可租赁。

6.2.2　专用设备开放共享

专用设备开放共享同样涉及用户、设备、租赁流程、管理员等多个方面的需求。以下是专用设备开放共享功能的详细需求：

(1)设备目录与展示

①提供一个设备目录，按照设备的类型、用途、性能等进行分类，详细展示各种设备。

②每个设备应包含名称、图片、基本信息、技术参数等详细描述。

③用户和企业可以浏览设备目录，查看设备的可用性和租赁信息。

(2)设备租赁流程

①用户和企业可以选择特定设备，提供租赁时间、地点、租期等租赁信息。

②系统应根据提供的信息计算租金,并展示给用户和企业。

③租赁流程包括选择设备、确认租期、支付租金和押金等步骤。

(3)租赁申请与审核

①用户和企业提交租赁申请后,管理员须对申请进行审核,确认设备可供租赁。

②管理员可以查看租赁申请列表,通过审核或拒绝申请,并给出审核意见。

(4)设备状态管理

①设备应具有可租赁、已租赁、维护中等状态。

②租赁申请通过后,设备状态应更新为已租赁,租赁结束后状态应恢复为可租赁。

6.2.3 通识类培训

通识类培训旨在为用户提供基础性的培训课程,涵盖机器人领域的基本概念和知识。以下是通识类培训的详细功能需求:

(1)培训课程目录与展示

①提供全面的培训课程目录,包括各种通识类培训课程的名称、简介和授课时间等信息。

②用户可以浏览培训课程目录,了解课程内容和时间安排。

(2)课程详细信息

用户可以点击培训课程,查看课程大纲、授课内容、讲师信息等详细的课程信息。

(3)跨平台适配

培训功能可适配网页、移动应用等多种终端,以便用户能够随时随地参与培训。

6.2.4 定制化培训

定制化培训致力于为用户提供个性化的培训课程,用户可自主选择所需培训的技术、导师及课程。以下是定制化培训的详细功能需求:

(1)培训课程目录与展示

①提供完整的培训课程目录,包括各类定制化培训课程的名称、简介和授课时间等信息。

②用户可以浏览培训课程目录,了解课程内容和时间安排。

(2)课程详细信息

用户通过点击培训课程,可以查看课程大纲、授课内容、讲师信息等详细的课程信息。

(3)跨平台适配

培训功能可适配网页、移动应用等多种终端,以便用户能够随时随地参与培训。

6.2.5 社交型机器人专家讲座

社交型机器人专家讲座功能旨在为用户搭建一个与专家互动的学习和交流平台。以下是社交型机器人专家讲座功能的详细需求:

(1)讲座信息展示

系统提供讲座列表,包括主题、时间、地点、讲座专家等信息。

(2)讲座内容获取

讲座结束后,系统应提供讲座内容的获取方式,例如文字稿、视频录像等。

(3)专家介绍

系统应提供讲座专家的详细介绍,包括专家背景、研究领域等。

6.2.6 社交型机器人企业交流

社交型机器人企业交流功能旨在为企业代表搭建一个交流平台,便于分享机器人应用案例、技术成果以及行业动态。以下是社交型机器人企业交流功能的详细需求:

(1)交流活动信息展示

系统应提供交流活动列表,包括议程、时间、地点、参与企业等信息。

(2)活动内容获取

活动结束后,系统应提供活动内容的获取方式,例如演讲稿、演示视频等。

(3)企业案例分享

企业代表可以在活动中分享机器人应用案例、成功经验以及技术成果。

6.2.7 五大通用平台使用

五大通用平台使用功能旨在为用户提供各类通用技术平台的使用指南、支持,以方便用户获取通用技术服务。以下是五大通用平台使用功能的详细需求:

(1)平台介绍和指南

系统应提供详细的平台介绍,说明每个通用平台的功能、特点以及适用范围。

(2)使用文档和指南

对每个通用平台,系统应提供详尽的使用文档和指南,包括平台的安装、配置、操作等说明。

6.2.8 通用技术支持

通用技术支持功能旨在为用户提供解答在机器人领域遇到的各种技术问题的渠道,以便用户能够获得及时的帮助和解决方案。以下是通用技术支持功能的详细需求:

(1)技术问题提交

用户可借助通用技术支持功能提交有关机器人硬件、软件、算法等方面的技术问题。

(2)问题分类和标签

系统须对技术问题进行分类并打上标签,以便技术支持团队能更快速地定位问题并提供解答。

(3)技术支持请求描述

用户可以详细描述遇到的技术问题,提供相关上下文信息、错误提示、操作步骤等内容,以便技术支持团队理解问题。

(4)技术支持响应

技术支持团队应及时响应用户的技术问题,提供相应的解答、建议或指导。

(5)技术文档和资源链接

技术支持团队可以向用户提供相关技术文档、教程、视频资源链接,助力用户自行解决问题。

(6)常见问题解答(FAQ)

系统应设置常见问题解答板块,用户可在此查找已有的常见问题和解决方案。

6.2.9 通用技术平台搭建

通用技术平台搭建功能旨在为政府机构或其他组织提供一个平台,使其能够搭建自己的技术平台,以开展技术交流、合作研发、科技招商等活动。以下是通用技术

平台搭建功能的详细需求：

（1）平台搭建申请

用户（通常是政府机构或企业）能够借助平台申请功能提交搭建技术平台的申请。在申请过程中，须提供平台名称、用途、功能需求等信息。

（2）平台使用指南和帮助文档

平台应提供详细的使用指南和帮助文档，以便用户了解如何使用平台的各项功能。

6.2.10　科技人才团队引进

政府科技人才团队引进功能旨在为政府或企业提供一个平台，以便吸引和引进优秀的科技人才团队，进而推动科技创新和发展。以下是科技人才团队引进功能的详细需求：

（1）人才需求发布

政府或企业可以通过平台发布科技人才需求，内容涵盖职位名称、技能要求、工作地点等信息。

（2）人才团队展示

系统将对通过审核的科技人才团队信息进行展示，供政府或企业查看和选择。

（3）引进政策说明

系统应提供引进政策的详细说明，让科技人才团队了解相关优惠政策和支持。

（4）技术交流合作

系统应为引进的科技人才团队搭建技术交流和合作的平台，促进创新成果和知识的共享。

（5）政策宣传与推广

系统应提供政策宣传和推广功能，以吸引更多优秀的科技人才团队参与引进计划。

（6）人才培养支持

系统可为科技人才团队提供人才培养方面的支持，包括培训、导师指导等服务，助力其更好地适应工作环境。

（7）知识产权保护

系统应提供知识产权保护方面的支持，确保引进的科技人才团队的创新成果得到合理保护。

6.2.11 关键技术合作研发

关键技术合作研发功能旨在推动不同企业或组织在关键技术领域开展协同创新。以下是关键技术合作研发功能的详细需求：

(1)技术合作信息发布

企业或组织可以通过平台发布关键技术合作的信息，涵盖合作内容、合作对象、技术要求等关键要素。

(2)技术交流沟通

系统可以提供技术交流和沟通的工具，方便合作伙伴进行实时讨论和交流。

(3)知识产权保护

系统应配备完善的知识产权保护支持体系，确保合作伙伴的技术成果得到切实有效的保护。

6.2.12 专利授权

专利授权功能旨在为用户提供一个便捷的途径，助力其顺利获取专利授权，并进行相应的管理操作。例如，平台应提供专利查找功能，让用户能够查找与自己的研究领域或创新方向相关的专利。

6.2.13 政府科技招商服务

政府科技招商服务功能旨在为政府机构提供一个有效的平台，以吸引优秀的科技企业和项目落户，推动科技产业的发展。以下是政府科技招商服务功能的详细需求：

(1)项目信息发布

政府可以在平台上发布科技招商项目的信息，包括项目名称、所属领域、投资规模、技术需求等。

(2)招商政策支持

平台可以提供招商项目所能享有的政府支持政策的详细说明，包括税收优惠、土地扶持等。

6.2.14 机器人租赁

机器人租赁功能旨在为用户提供机器人服务的租赁方式，使用户能够灵活地使

用机器人技术，以满足不同应用场景的需求。以下是机器人租赁功能的详细需求：

（1）机器人展示与信息

①提供一个机器人展示页面，列出可供租赁的机器人，包括机器人名称、类型、功能描述、图片等信息。

②用户可以浏览机器人列表，了解每个机器人的基本信息。

（2）跨平台适配

机器人租赁功能应适配不同的终端，以便用户在不同设备上进行租赁操作。

（3）机器人租赁规则说明

在租赁页面，系统应提供租赁规则的详细说明，包括租赁流程、费用计算等。

6.2.15　算法接口服务

算法接口服务功能旨在为政府或企业用户提供平台算法及接口的服务，便于政府、企业用户更加高效地管理平台。接口总览如下：

（1）“自然语言处理”算法和接口

①文本分析：情感分析、主题提取、关键词抽取等。

②语言生成：自动回复、文本生成等。

③语义理解：意图识别、语义解析等。

（2）“语音处理”算法和接口

①语音识别：将语音转换为文本。

②语音合成：将文本转换为自然语言音频。

③语音情感分析：分析语音中的情感。

（3）“计算机视觉”算法和接口

①图像识别：识别物体、场景等。

②人脸识别：识别人脸、表情等。

③物体检测和跟踪：检测图像中的物体并跟踪其运动。

（4）“对话管理和生成”算法和接口

①对话管理：管理机器人与用户的交互流程。

②对话生成：生成自然流畅的对话内容。

（5）“机器学习和深度学习”算法和接口

①推荐算法：根据用户兴趣推荐内容。

②强化学习：让机器人根据用户提供的具体场景来学习改进。

(6)“知识图谱”算法和接口

①知识抽取:从大量文本中提取结构化知识。

②知识图谱查询:查询知识图谱中的信息。

(7)“情感识别”算法和接口

情感分析:分析用户表达的情感状态。

(8)“多模态”算法和接口

融合多种数据源,如文本、语音、图像等,进行更丰富的分析和交互。

(9)交互界面开发接口

提供用于开发社交型机器人交互界面的接口和工具。

(10)数据标注和集成接口

提供用于数据标注和集成的接口,帮助训练和优化算法。

(11)模型部署和管理接口

提供将训练好的模型部署到实际应用中的接口和工具。

(12)算法调优和测试接口

提供用于优化算法性能和进行测试的接口。

6.3 云平台的部署与维护

6.3.1 云平台架构设计

采用基础设施层(如公有云)、应用层(微服务)、数据管理层(分布式数据库)、安全管理层(身份认证、数据加密)确保系统的高可用性和可扩展性。

6.3.2 用户权限管理

用户分级:普通用户、企业用户和管理员有不同权限,确保用户根据角色访问相应功能,避免权限滥用。

权限控制:不同级别用户提供不同身份验证信息,如个人信息、企业资质等,采用基于角色的访问控制(role-based access control, RBAC)规则。

6.3.3 登录注册规则

普通用户须通过手机号验证,企业用户须提交资质,注册和密码存储采用 MD5

加密，多因素认证保障登录安全。

6.3.4　云平台部署

使用 Ubuntu LTS 版本，以 MySQL 8.0 作为数据库，Nginx 作为 Web 服务器，并采用 Node.js 和 Vue.js 开发。使用 Docker 进行容器化部署，实现快速扩展与更新。

6.3.5　数据库维护

主从架构与分库分表：通过主从复制分担读写负载，分库分表优化性能。

数据备份与优化：定期备份与异地灾备、优化查询与索引，提升性能并确保数据安全。

6.3.6　安全保障

使用防火墙、VPN、API 安全控制等，保障网络传输安全。同时实施数据加密、脱敏处理及细粒度权限控制机制以保护敏感信息。

6.3.7　性能优化

通过负载均衡分配流量、缓存系统（如 Redis）减少数据库压力，提升响应速度。使用 CDN 加速静态资源加载。

6.3.8　运维团队管理

实时监控系统，建立完整的故障与安全事件应急响应机制。定期优化资源配置，控制成本，并通过团队培训和知识库管理提升运维效率。

第7章

设计类机器人

在这一章里，我们将认识一些非常有趣的机器人，它们能够帮助我们完成各种创意工作，比如设计产品、写歌词、作曲和绘画。它们不仅能帮助人类提升效率，还能自己创造出许多新奇的东西。接下来，我们一起来看看这些“设计大师”机器人是如何工作的吧！

7.1　辅助设计机器人

7.1.1　辅助设计机器人简介

辅助设计机器人是设计师的小助手。无论是设计新手机、建造房子，还是设计漂亮的衣服，这些机器人都能根据设计师的需求，快速生成许多不同的设计方案。它们可以处理大量信息，比如流行趋势、用户喜好等，然后提出各种创意，供设计师选择。这就像一支拥有无限灵感的团队，每时每刻都在为你提供新的想法。

7.1.2　辅助设计机器人在各个领域的应用

(1)产品设计

想象一下，如果你正在设计一款新手机，辅助设计机器人可以帮你生成多样化的外观设计方案，涵盖颜色、形状和按键布局等设计维度。它还能考虑用户的使用习惯，比如手掌大小、喜欢的颜色等，依此提出符合用户需求的设计。这不仅节省了设计时间，还使产品更受用户欢迎。

(2)建筑设计

在建筑设计中，辅助设计机器人就像一位超强的建筑师。它能根据地形、气候、光线等因素，帮助建筑师设计出既美观又实用的房子。比如，机器人可以计算出房

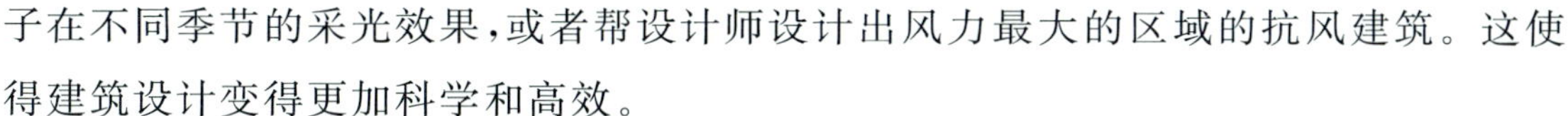

子在不同季节的采光效果，或者帮设计师设计出风力最大的区域的抗风建筑。这使得建筑设计变得更加科学和高效。

(3)时装设计

时尚界的设计师们也少不了这些机器人的帮助。辅助设计机器人能根据最新的流行趋势，设计出一系列时尚服饰。它还能根据每个人的身材和喜好，量身定制出最适合的衣服。比如，一个机器人可以扫描你的体型，知道你最适合穿什么样的衣服，然后帮你设计一款独一无二的时装。

7.1.3　辅助设计机器人是怎么工作的?

虽然这些辅助设计机器人呈现出魔法般的设计效果，但其核心技术建立在相关科学原理之上。这类辅助机器人通常采用一些非常聪明的计算机程序来学习和创造新设计。

(1)生成设计

辅助机器人利用一种叫作“生成对抗网络”的技术，简单来说就是让两个程序互相“比赛”。一个程序负责创造新设计，另一个程序则评判这些设计是否好看。通过不断“比赛”，机器人逐渐学会了如何生成更出色的设计方案。

(2)深度学习

辅助机器人还会使用“深度学习”技术，从海量的设计数据中学习什么样的设计才是好的。比如，它们会学习不同风格的建筑和服装设计，并尝试模仿或创造新的风格。就像人类设计师一样，机器人也会不断练习和提高自己的设计能力。

(3)虚拟现实(VR)和增强现实(AR)

辅助机器人有时还会与虚拟现实、增强现实技术结合使用。这样，设计师可以通过戴上 VR 眼镜，进入一个虚拟的世界，直接在三维环境中查看和修改设计。增强现实则可以将虚拟设计投影到现实世界中，让设计师预览最终效果。

7.1.4　辅助设计机器人的实际应用

(1)汽车设计机器人

一家著名的汽车公司使用了辅助设计机器人来设计他们的新车。机器人可以生成多个车身设计，然后通过空气动力学分析找出最省油、最快速的设计。设计师在这些基础上进行微调，最终推出了备受好评的新车型。

(2)建筑设计中的“聪明助手”

有些建筑公司已经开始使用机器人来设计大型建筑。这些机器人能处理大量的建筑数据，比如风向、地震等自然条件，帮助设计师设计出既美观又安全的建筑。比如，某家公司使用机器人设计了一座综合体建筑，既节能又抗震。

(3)个性化服装设计

一些时装品牌使用机器人来为顾客提供个性化定制服务。用户通过专业设备扫描自身身体数据，并向机器人明确表达个人偏好的时装风格，机器人即可依据这些信息为用户量身定制专属时装。这不仅实现了每位顾客专属服装的个性化生产，还显著提升了品牌的市场竞争力。

7.1.5 编程练习

(1)项目简介

使用 Python 作为编程工具，打造一个能自动生成配色方案的机器人。用户输入需要颜色的数量，机器人就可以生成指定数量的配色方案。用户可以参考生成的配色方案用于设计，如图 7.1.5.1 所示。

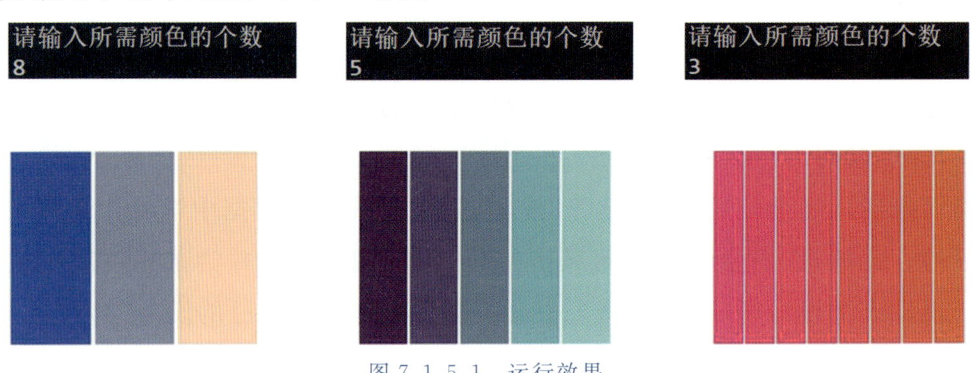

图 7.1.5.1 运行效果

(2)编程过程

①准备环境：代码中需要用到 numpy 库和 matplotlib 库，编程前应确保已经安装，如果还没安装就在命令行中执行以下命令，如图 7.1.5.2 所示。

```
pip install numpy
pip install matplotlib
```

图 7.1.5.2 代码-1

在 Python 中导入需要用到的 numpy 库和 matplotlib 库及相关函数，如图 7.1.5.3所示。

```
import numpy as np
import matplotlib.pyplot as plt
from matplotlib.colors import LinearSegmentedColormap
```

图 7.1.5.3 代码-2

②生成随机渐变色：自定义颜色映射是通过创建字典来完成的，该字典指定了RGB 通道如何从 CMAP 一端更改到另一端。我们可以利用 numpy 库里的函数随机给出 0～1 的小数作为各颜色的具体参数。最后利用 LinearSegmentedColormap 函数直接生成颜色映射，如图 7.1.5.4 所示。

```
def rand():
    return np.random.uniform(0, 1)

def get_colormap():

    cdict = {'red': ((0.0, rand(), rand()),
                     (1.0, rand(), rand())),
            'green': ((0.0, rand(), rand()),
                     (1.0, rand(), rand())),
            'blue':  ((0.0, rand(), rand()),
                     (1.0, rand(), rand()))}

    colormap = LinearSegmentedColormap('my_colormap', cdict)

    return colormap
```

图 7.1.5.4　代码-3

③画出图像并生成：利用生成柱状图函数 matplotlib.pyplot 生成指定个数不同颜色的矩形并隐藏坐标。矩形的大小相等，即高度一致；颜色则是根据第二步生成的渐变色进行提取，使用 numpy 库里的 linspace 函数生成一个颜色序列，其中各颜色在序列中的间隔保持均匀分布。最后生成图片并展示，如图 7.1.5.5 所示。

```
def draw(num: int):

    colormap = get_colormap()
    colors   = colormap(np.linspace(0, 1, num)) # 按百分比

    # 绘制条形图
    plt.bar(range(1, 1 + num), [1] * num, width=0.95, color=colors)

    # 隐藏坐标
    plt.axis('off')

    # 显示图像
    plt.savefig('配色方案.png')
    plt.show()
```

图 7.1.5.5　代码-4

④主函数部分：获取键盘输出，生成对应的配色方案，如图 7.1.5.6 所示。

```
print('请输入所需颜色的个数')
num = int(input())
draw(num)
```

图 7.1.5.6　代码-5

⑤项目拓展：可扩展功能模块包括随机 UI 界面生成、页面布局设计、PPT 模板创建等，实现将配色方案和不同的应用场景相结合。

⑥完整代码：如图 7.1.5.7 所示。

```
import numpy as np
import matplotlib.pyplot as plt
from matplotlib.colors import LinearSegmentedColormap

def rand():
    return np.random.uniform(0, 1)

def get_colormap():

    cdict = {'red': ((0.0, rand(), rand()),
                     (1.0, rand(), rand())),
             'green': ((0.0, rand(), rand()),
                     (1.0, rand(), rand())),
             'blue':  ((0.0, rand(), rand()),
                     (1.0, rand(), rand()))}

    colormap = LinearSegmentedColormap('my_colormap', cdict)

    return colormap

def draw(num: int):

    colormap = get_colormap()
    colors   = colormap(np.linspace(0, 1, num)) # 按百分比

    # 绘制条形图
    plt.bar(range(1, 1 + num), [1] * num, width=0.95, color=colors
)

    # 隐藏坐标
    plt.axis('off')

    # 显示图像
    plt.savefig('配色方案.png')
    plt.show()


print('请输入所需颜色的个数')
num = int(input())
draw(num)
```

图 7.1.5.7　完整代码

7.1.6　辅助设计机器人的未来

随着技术的进步，未来的辅助设计机器人将会变得更加聪明和强大。也许有一天，它们不仅仅是设计师的助手，还能够独立完成许多创意工作。然而，机器人再怎

么聪明，也离不开人类的引导和创意。我们期待看到设计师和机器人一起合作，创造出更多美妙的作品。

7.2 作词机器人

7.2.1 作词机器人简介

作词机器人是一种能根据用户的要求自动生成歌词的工具。它们可以帮助音乐人、广告创意人员，甚至是诗人，快速生成符合特定主题和情感的文字。通过分析大量的歌曲和诗歌，作词机器人能够创造出既有趣又富有意义的歌词。

7.2.2 作词机器人在各个领域的应用

(1)音乐创作

在音乐创作中，作词机器人可以根据给定的主题生成歌词。比如，如果你想写一首关于友情的歌曲，只需输入“友情”这个主题，机器人就能生成一段歌词，然后你可以根据它提供的内容进行修改。这为音乐人节省了不少时间和精力。

(2)广告文案

在广告创意中，作词机器人能够生成各种有趣和吸引人的广告词。比如，一家冰激凌公司想要一个既能传达产品的甜美特质又给消费者留下深刻印象的广告词，机器人可以根据品牌特点和产品特点，生成符合要求的宣传语。这样，不仅让广告更有吸引力，还能增加品牌的知名度。

(3)诗歌创作

对于那些喜欢写诗的人来说，作词机器人也是一个不错的工具。你可以输入一些关键词或情感，比如“爱情”“自然”等，机器人就能生成一首与之相关的诗歌。这些诗歌可能是自由诗体，也可能是押韵诗体，甚至有时还能给你带来意想不到的灵感。

7.2.3 作词机器人是怎么工作的?

作词机器人虽然看起来是位会“作诗”的魔法师，但它的工作原理其实并不复杂。它主要依靠计算机的“自然语言处理”技术来完成创作。

(1)自然语言处理

自然语言处理是一种让计算机能够理解和生成人类语言的技术。机器人通过学习大量的歌曲、诗歌和广告文案，逐渐掌握了语言的结构和表达方式。这样，它就能根据输入的主题或情感生成相应的歌词或诗句。

(2)语言大模型

机器人使用一种叫作“语言大模型”的技术来生成文字。这些大模型就像是一个大脑，能从成千上万的句子中学习，找出规律，并模仿出符合这些规律的句子。比如，如果你输入“夏天的夜晚”，机器人可能会生成类似“在星空下，我们低声细语”的句子。

(3)学习和改进

每次生成歌词或诗歌后，机器人都会进行“自我检查”，看这些文字是否合乎逻辑，是否有意义。通过不断学习和调整，机器人能够创作出越来越自然、越来越有深度的作品。

7.2.4 作词机器人的实际应用

(1)音乐人的灵感助手

一位年轻的音乐创作人在写歌时遇到了瓶颈，他将自己以往创作的歌词输入作词机器人，并学习了机器人对自己风格的总结和建议，最终重新找回灵感，创作了一系列优秀的作品。作词机器人不仅为音乐创作人节省了创作时间，还给他带来了丰富的灵感。

(2)广告公司的创意利器

某广告公司经常使用作词机器人为客户创作广告文案。一家食品公司想要推广新口味的饼干，该广告公司创作了大量广告词，并将这些广告词输入作词机器人，根据作词机器人的意见进行修改，并最终挑选出了合适的广告词。

(3)学生的诗歌创作伙伴

在一场诗歌比赛中，一位小学生使用作词机器人生成了初步的诗歌内容。通过机器人的帮助，他学会了如何押韵、如何表达复杂的情感，最终他赢得了比赛的奖项。这不仅让他感受到创作的乐趣，也让他明白了人工智能可以成为人类创作的好帮手。

7.2.5 编程练习

(1)项目简介

本项目使用 Scratch 作为编程工具，打造一个能自动作词的机器人。用户可以通过回答机器人的问题来让机器人收集信息并自动作词。

（2）项目分析

根据用户输入的内容，调用不同库里的诗词并输出，如果用户输入内容与所有库都无关，就回答“作词失败”。

（3）编程过程

①导入素材：如图 7.2.5.1 所示。

图 7.2.5.1　导入素材

②建立诗词库：建立一个包含所需类别诗词的 txt 文档，并导入 Scratch，如图 7.2.5.2 所示。

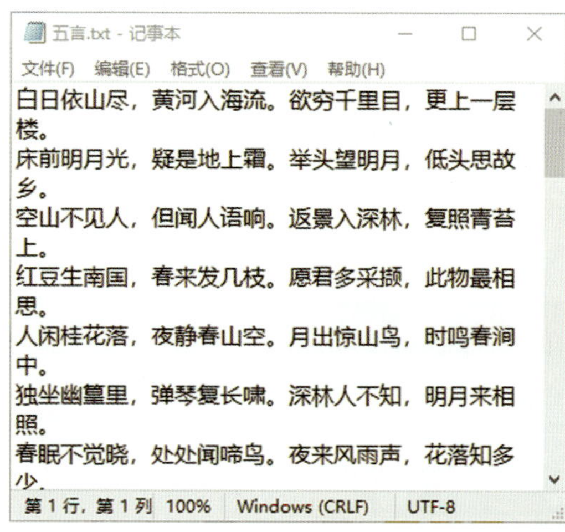

五言.txt - 记事本

文件(F)　编辑(E)　格式(O)　查看(V)　帮助(H)

白日依山尽，黄河入海流。欲穷千里目，更上一层楼。
床前明月光，疑是地上霜。举头望明月，低头思故乡。
空山不见人，但闻人语响。返景入深林，复照青苔上。
红豆生南国，春来发几枝。愿君多采撷，此物最相思。
人闲桂花落，夜静春山空。月出惊山鸟，时鸣春涧中。
独坐幽篁里，弹琴复长啸。深林人不知，明月来相照。
春眠不觉晓，处处闻啼鸟。夜来风雨声，花落知多少。

第 1 行，第 1 列　100%　Windows (CRLF)　UTF-8

图 7.2.5.2　导入诗词列表

③开始编程：编写主脚本，如图 7.2.5.3 所示。

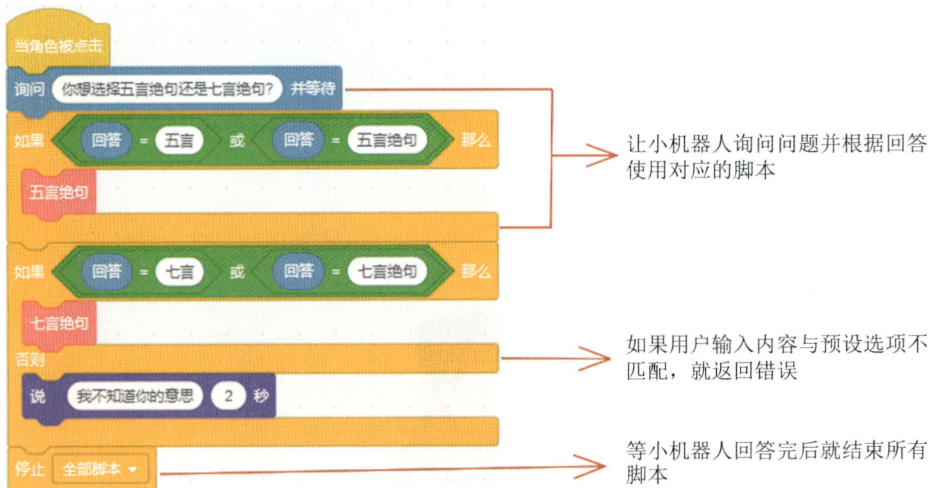

图 7.2.5.3　主脚本

编写诗词库脚本，如图 7.2.5.4 所示。

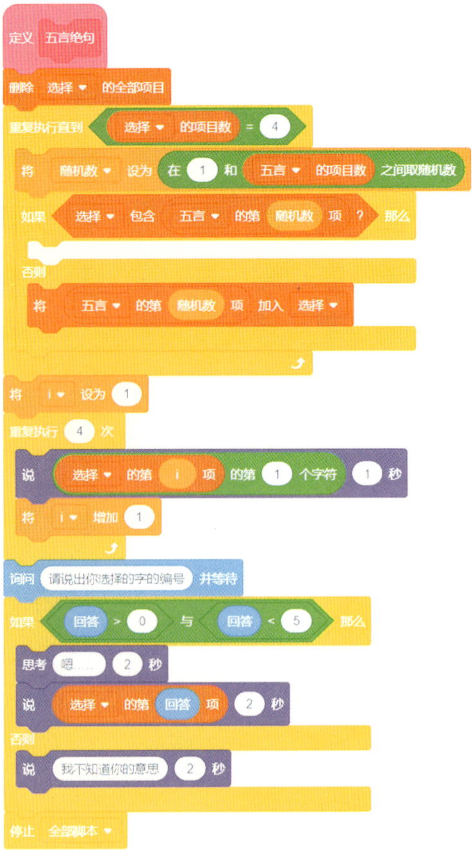

图 7.2.5.4　诗词库脚本(其他的诗词库同上)

(4)项目流程图

项目流程图如图 7.2.5.5 所示。

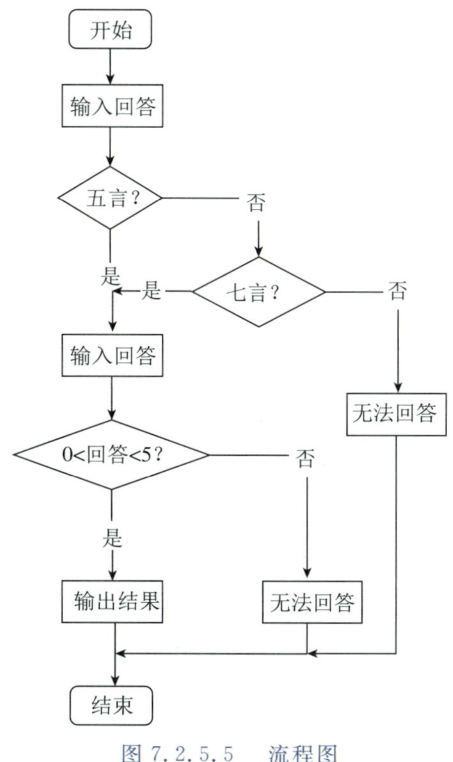

图 7.2.5.5　流程图

(5)项目拓展

可通过增加不同细分类型的库来使得作词机器人的回答与用户的需求更加贴切。

7.2.6　作词机器人的未来

未来的作词机器人可能会变得更加智能,能够理解更加复杂的情感和主题,能够根据用户的个人偏好、情感状态和音乐风格进行作词。允许用户定制专属歌词,创作出符合个人情感的作品。

7.3　作曲机器人

7.3.1　作曲机器人简介

作曲机器人是一种能够自动生成音乐旋律和编曲的人工智能工具。它们通过学习大量的音乐作品，能够创作出各种风格的音乐，比如流行音乐、古典音乐甚至电子音乐。作曲机器人可以为音乐人提供灵感，帮助他们完成整首歌曲的创作，或者为影片、游戏等提供背景音乐。

7.3.2 作曲机器人在各个领域的应用

（1）音乐创作

在音乐创作中，作曲机器人可以根据音乐人提供的节奏或和弦生成旋律。例如，音乐人想要创作一首节奏欢快的歌曲，可以让机器人生成多个不同风格的旋律，然后从中挑选出最符合自己想法的部分进行修改。这不仅加快了创作过程，也让音乐人有更多时间专注于歌曲的其他部分。

（2）教育领域

在音乐教育中，作曲机器人可以帮助学生理解音乐的结构和创作过程。学生可以通过与机器人互动，学习如何创作旋律、编曲和和声。机器人生成的音乐可以作为学生的参考和练习素材，帮助他们更好地掌握音乐创作技巧。

7.3.3 作曲机器人是怎么工作的?

作曲机器人的核心技术包括音乐生成模型和深度学习算法。这些技术使得机器人能够分析和模仿不同类型的音乐，从而创作出新的旋律和和声。

（1）音乐生成模型

作曲机器人使用一种特殊的计算机程序来生成音乐，这种程序被称为音乐生成模型。这个模型通过分析大量的音乐作品，学习其中的规律和模式，然后根据这些规律创作新的音乐。比如，它可以学习流行音乐中的和弦进程和节奏，然后生成类似风格的旋律。

（2）深度学习

深度学习是作曲机器人的另一项重要技术。通过深度学习，机器人能够从大量的音乐数据中提取有用的信息，比如和弦的使用方式、旋律的起伏等。这样，机器人就能生成符合特定风格和情感的音乐片段。

（3）自然语言处理（NLP）

虽然自然语言处理主要用于文本，但在作曲机器人中，它可以帮助理解歌词的情感和主题，从而创作出与歌词相匹配的音乐。这种技术使得机器人不仅能创作纯音乐，还能创作出与歌词完美契合的歌曲。

7.3.4 作曲机器人的实际应用

(1)电影配乐的利器

某知名导演在制作一部科幻电影时,使用作曲机器人生成了一些背景音乐。这些音乐完美地契合了电影的未来感和神秘感,帮助影片获得了观众的好评。导演表示,机器人生成的音乐给了他很多灵感,使整部电影更具艺术性和观赏性。

(2)学生的音乐创作助手

在一堂音乐创作课上,老师让学生们使用作曲机器人来创作旋律。学生们可以选择不同的音乐风格,然后机器人会生成旋律供他们参考。通过这样的练习,学生们不仅学会了如何创作音乐,还感受到了科技对艺术创作的推动力。

7.3.5 编程练习

使用 Scratch 作为编程工具,实现一个集视觉与听觉感受于一体的作曲机器人,在这里,你可以随意修改主旋律与和弦的配合,挑选各种音符的组合。程序的舞台区与角色区如图 7.3.5.1 所示。

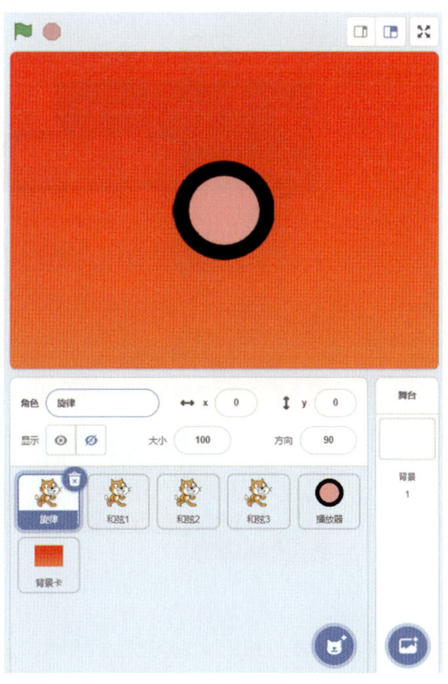

图 7.3.5.1 舞台区与角色区

添加音乐拓展模块,按照角色的分工设置主旋律、和弦 1、和弦 2……的程序,音乐模块中可选择各式各样的乐器,通过击打乐器、演奏音符,实现乐曲的创作,主旋律代码如图 7.3.5.2 所示。

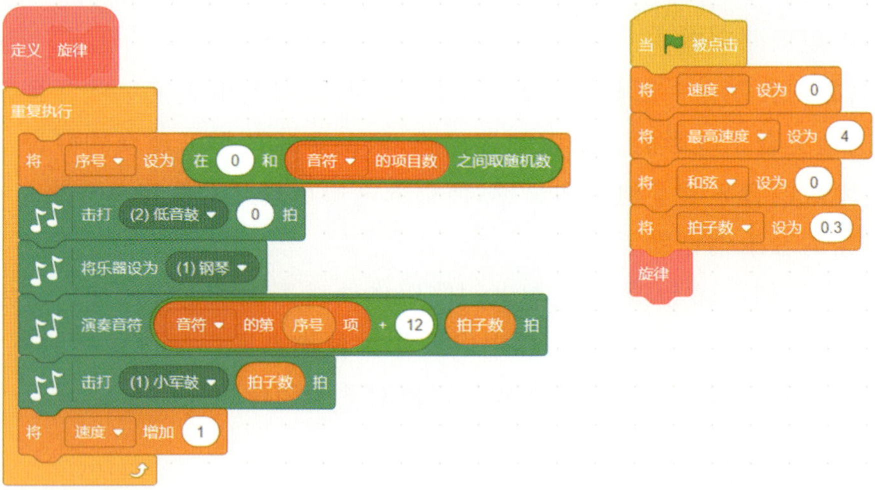

图 7.3.5.2　主旋律代码

和弦 1 与和弦 2 代码如图 7.3.5.3 所示。

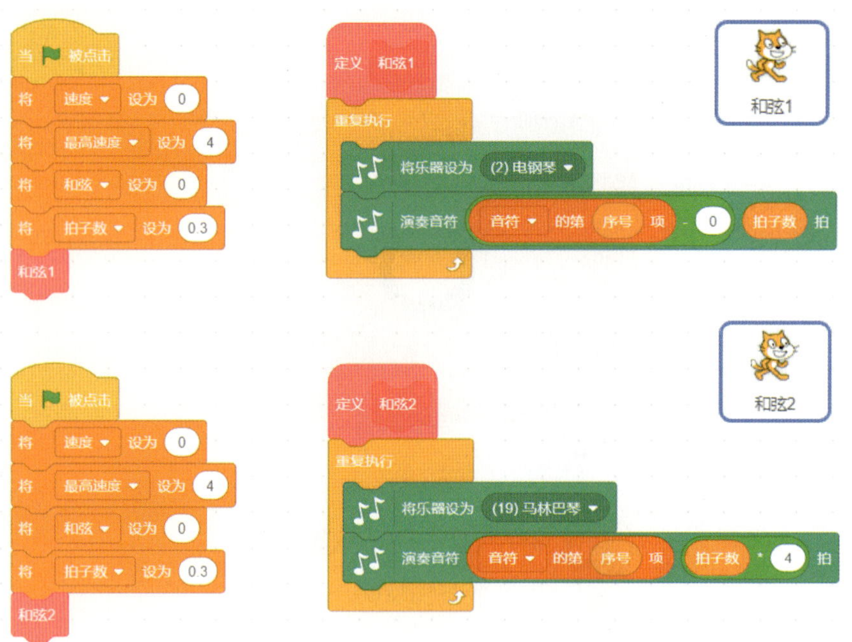

图 7.3.5.3　和弦 1 与和弦 2 代码

播放器能跟随音乐的节奏切换颜色、调整大小，实现动态效果，播放器代码如图 7.3.5.4 所示。

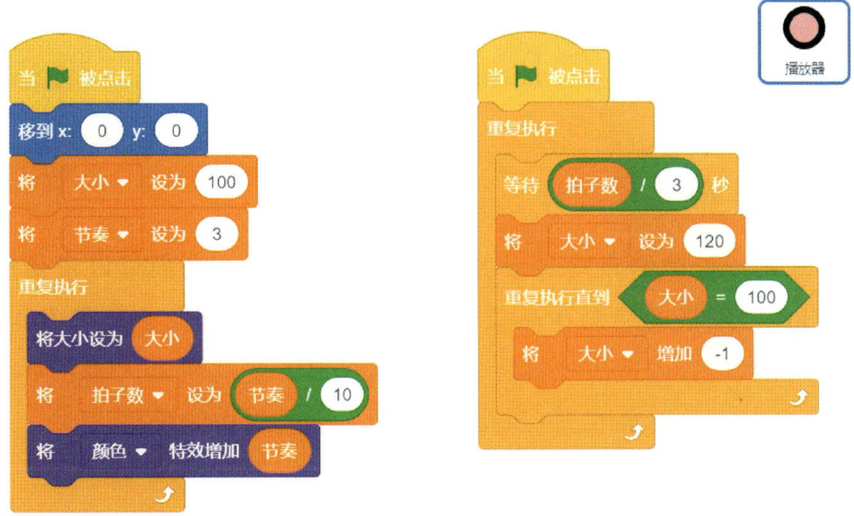

图 7.3.5.4　播放器代码

背景卡能跟随音乐的节奏切换颜色，实现动态效果，背景卡代码如图 7.3.5.5 所示。

图 7.3.5.5　背景卡代码

作曲机器人作为一个实用的曲目创作工具，既能选择多种乐器，选择演奏或击打的方式谱曲，开展自由创作，又能实时听到和弦的加入与否、节奏的改变对曲目的影响。该项目使用了 Scratch 拓展模块——音乐，适合初学者从演奏音符开始，了解乐器的发声，根据自己的需求逐步完成项目。使用者也可以继续升级项目，比如添加曲子的更多组成部分、用滑杆模式呈现变量等。

7.3.6　作曲机器人的未来

未来的作曲机器人可能会变得更加智能，能够理解更加复杂的音乐结构和情感表达。它们不仅能帮助人类创作音乐，还可能会创作出属于自己的音乐流派。

7.4 绘画机器人

7.4.1 绘画机器人简介

绘画机器人是一种能够自动生成艺术作品的机器人。它们可以模仿不同画家的风格，创作出各种风格的绘画作品。绘画机器人通过分析大量的艺术作品，学习其中的技巧和风格，然后创造出独具特色的艺术作品。这些机器人不仅可以帮助艺术家完成创作，还可以帮助那些没有绘画基础的人感受创作的乐趣。

7.4.2 绘画机器人在各个领域的应用

(1)艺术创作

绘画机器人可以帮助艺术家完成大部分的绘画工作。比如，一位画家可以先让机器人生成一幅草图，然后再在草图的基础上进行细节的刻画和修改。这样能帮助艺术家提高创作效率，使他有更多时间进行有创意的表达。

(2)商业设计

在广告设计、产品包装等领域，绘画机器人也能发挥重要作用。企业可以让机器人根据品牌特点和市场需求，生成符合主题的设计方案。这些设计既具有创意，又能吸引消费者的眼球，为企业的产品加分不少。

(3)教育和娱乐

绘画机器人还可以用于教育和娱乐中。比如，小朋友可以通过简单的指令让机器人画出他们喜欢的卡通形象，这不仅增加了学习过程的趣味性，还培养了孩子的创造力。绘画机器人还可以帮助初学者学习绘画技巧，使他们通过模仿和练习，逐步提高绘画水平。

7.4.3 绘画机器人是怎么工作的?

绘画机器人主要依靠图像生成技术和深度学习算法进行工作。这些技术使得机器人能够学习和模仿不同艺术风格，并生成具有艺术价值的作品。

(1)图像生成技术

绘画机器人使用图像生成技术，通过分析海量绘画作品的特征数据，实现对不同艺术风格的学习和模仿。比如，机器人可以学习印象派的色彩运用、立体派的几何形状等，然后根据这些风格生成新的艺术作品。

（2）深度学习

深度学习技术使得机器人能够理解和模仿艺术作品中的细节和复杂结构。通过大量的图像数据训练，机器人逐渐学会了如何在画布上布局色彩、光影和线条，创作出富有表现力的艺术作品。

（3）风格迁移

风格迁移是一种特殊的技术，可以将一种艺术风格应用到另一种图像上。比如，绘画机器人可以将一张普通的照片转化为印象派风格的画作，或者将一幅素描转化成凡·高风格的油画。这种技术让绘画机器人能够在不同风格之间自由切换，创造出多样化的艺术作品。

7.4.4　绘画机器人的实际应用

儿童创意工作坊：在一个儿童创意工作坊中，孩子们通过与绘画机器人合作，创造出了各种各样的卡通形象和奇幻场景。这些作品不仅展示了孩子们的想象力，也让他们感受到科技与艺术结合的魅力。绘画机器人不仅激发了孩子们的创作欲望，还培养了他们对艺术的兴趣。

7.4.5　编程练习

本项目使用 Scratch 作为编程工具，打造一个集自由绘画与图形组合为一体的绘画机器人，在这里，用户可以选择自由画笔模式，挑选各种颜色画笔轻松绘画，也可以点击图形按钮，欣赏不同图形组成的美丽花朵，程序的舞台区演示效果与角色区如图 7.4.5.1 所示。

如图 7.4.5.2 所示，点击小绿旗后，绘画机器人角色显示在舞台区中间，用鼠标点击绘画机器人角色后可以让其持续跟随鼠标，此时按下鼠标进行绘画、松开鼠标停止绘画。

画图过程中可以点选取色板调整颜色，也可以选择不同方向的箭头，改变画笔的粗细，如图 7.4.5.3 所示。

绘画机器人作为一个综合的创作工具，既能选择画笔的颜色和画笔粗细，开展自由创作，又能绘制效果丰富的图形，非常实用。该项目使用了 Scratch 拓展模块——画笔，适合初学者从设计造型开始，根据自己的需求逐步完成项目，也可以继续升级项目：添加更多的调色板、更多绘制图案的按钮。图形花角色代码如图7.4.5.4所示。

如果画得不喜欢也没关系，点击“橡皮擦”就能一键清除，如图 7.4.5.5 所示。

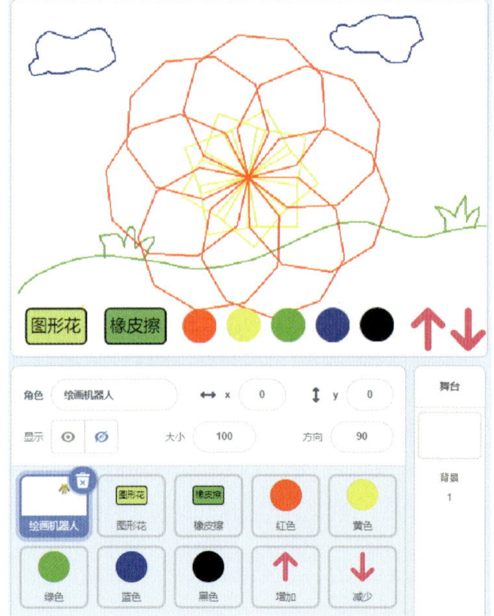

图 7.4.5.1 舞台区演示效果与角色区

图 7.4.5.2 绘画机器人基础绘画功能

当接收到 红色

将笔的颜色设为

图 7.4.5.3 取色板功能示例

当角色被点击

询问 请输入基础图形为几边形？（例如：正方形就输入4） 并等待

将 n 设为 回答

询问 请输入共有几个图形组成花？（尽情尝试吧） 并等待

将 m 设为 回答

广播 图形花

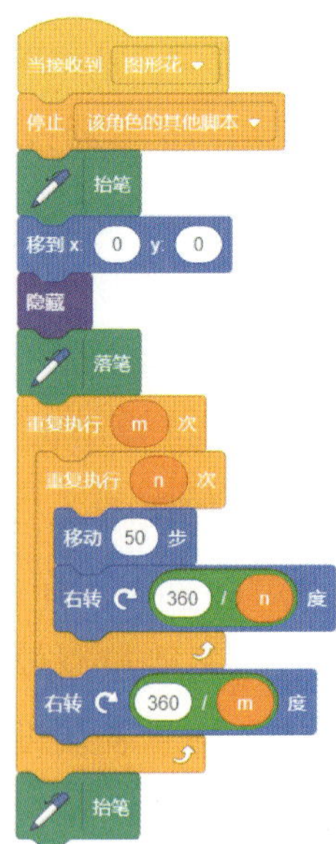

图 7.4.5.4 图形花角色代码

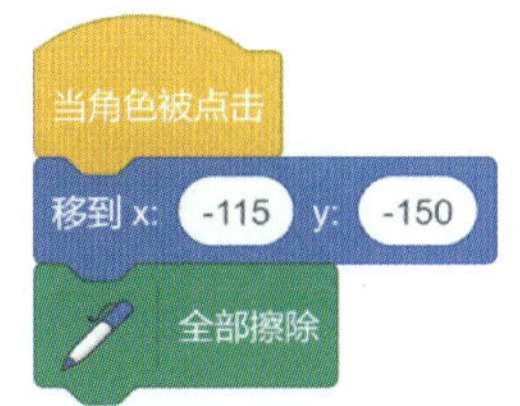

图 7.4.5.5　橡皮擦角色代码

7.4.6　绘画机器人的未来

未来的绘画机器人可能会更加智能化，能够理解更复杂的艺术概念和情感表达。它们不仅可以帮助艺术家创作，还可能独立创作出独具风格的艺术作品。虽然机器人在艺术创作中扮演着越来越重要的角色，但人类的创意和情感仍然是艺术创作的核心。

第 8 章 服务类机器人

在我们周围，有很多机器人正在默默帮助我们完成各种任务。这一章，我们将介绍一些特别的机器人，它们被称为“服务类机器人”。这些机器人专门帮助我们解决问题、陪伴我们，甚至还可以指导我们做事！在这一章里，你将系统了解聊天机器人、心理辅导机器人、陪护机器人、助老机器人和导览机器人，并深入探讨它们在日常生活中的应用场景。

8.1 聊天机器人

8.1.1 聊天机器人简介

聊天机器人就像是一个会聊天的朋友，它可以通过文字或者语音和你对话。无论是解答问题，还是陪人说话，聊天机器人都能派上用场。它们应用广泛，比如网站上的客服、智能手机里的虚拟助手，甚至社交媒体上自动回复消息的机器人。聊天机器人帮助我们更方便地获取信息和解决问题。

8.1.2 聊天机器人在各个领域的应用

(1)客户服务

当你在网上购物或者使用某些服务时，可能会遇到一些问题，比如“我的订单什么时候到?”或“我怎么退货?”这时候，聊天机器人就能帮你解答这些问题。它们可以快速找到你需要的信息，让你不必等待人工客服的回复。

举个例子：小明在网上买了一本书，但他不确定什么时候能收到。于是他在购物网站上询问“我的订单什么时候到?”聊天机器人立刻根据订单号回复小明“书会在两天后送达”。这让小明觉得很方便，他不用等待客服的答复就能快速得到信息。

(2)学习帮手

有时候在做作业或者学习时,我们会遇到一些难题。这时候,聊天机器人也能帮忙。你可以向它提问,它会为你解答问题,或者推荐一些有用的学习资源。比如,如果你不知道某个数学题怎么做,可以问问学习机器人,它会一步步教你解题的方法。

举个例子:小红在做数学作业时遇到了难题,她不懂得如何解答一个分数加减法的问题。于是她打开学习机器人,输入了问题。机器人不仅给出了正确答案,还详细解释了每一步的解题过程。这让小红学到了新知识,顺利完成了作业。

(3)医疗咨询

当我们身体不舒服的时候,有时不太确定是否需要去看医生。聊天机器人可以提供一些简单的健康建议,比如"你今天多喝水、注意休息,如果症状加重就去看医生。"不过要记住,机器人只能提供简单的建议,医生的诊断和治疗才是最重要的。

举个例子:小亮感到喉咙疼痛,他不确定自己是不是感冒了。于是他向健康机器人咨询。机器人建议他多喝温水、保持休息,并告诉他如果两天后症状没有好转,就应该去看医生。这些建议使小亮能更好地照顾自己。

8.1.3　聊天机器人是怎么工作的?

聊天机器人能理解我们的问题,并给出答案,它们的工作原理其实很有趣。聊天机器人主要依靠自然语言处理(NLP)和机器学习这两项技术。

(1)自然语言处理

自然语言处理就像是聊天机器人的"大脑",它能理解我们说的话或者输入的文字。机器人通过分析句子中的关键词,来判断我们的问题是什么,然后提供相应的答案。就像你问"今天天气怎么样?"机器人能识别你的需求并给你当天的天气预报。

(2)机器学习

机器学习让聊天机器人越来越聪明。它回答你的问题后会记住并学习这些信息,从而不断增强自己的回答能力。就像你玩游戏时,机器人也在"练习"——时间越久,它的回答就越准确。

(3)对话管理

对话管理能帮助聊天机器人记住之前的对话内容。比如,如果你刚刚问过"今天天气怎么样?”再问“明天呢?”机器人会知道你还在问天气,并自动告诉你明天的天气情况。这让聊天机器人能像一个老朋友,能理解上下文,和你顺畅地交流。

8.1.4 聊天机器人的实际应用

(1)智能购物助手

很多网上购物平台都使用了智能购物助手。当你不知道该买哪一款商品时,可以向购物助手咨询。它会根据你的需求推荐合适的商品,甚至会帮你比较不同商品的优缺点,让你做出更好的选择。

举个例子:小芳想买一部新手机,但面对众多品牌和型号,她不知道选哪一个。于是她问了购物助手“哪款手机最适合拍照?”机器人根据她的需求推荐了几款拍照效果好的手机,还详细介绍了它们的特点和价格。这些建议帮助小芳做出了满意的选择。

(2)智能家居助手

现在很多家庭都配备了智能家居系统,比如智能音箱。通过这些设备,你可以通过和家中的智能助手聊天来控制家中的灯光、温度。这种体验非常棒,只需要动动嘴,就能管理家中的一切。

举个例子:小强放学回家后,他说完“打开客厅的灯,播放音乐。”家里的智能音箱立刻响应,客厅灯亮了起来,音乐也开始播放。通过这个智能助手,小强的生活变得更方便、舒适。

(3)在线学习助手

在一些在线学习平台上,虚拟学习助手也成了学生们的好帮手。当学生遇到学习上的问题时,可以随时向虚拟学习助手提问。它不仅会解答问题,还会根据学生的学习进度推荐适合的学习资源。

举个例子:小梅在学习英语时遇到了不懂的单词,她打开在线学习助手,输入了这个单词。学习助手立刻给出了单词的释义,并告诉她如何在句子中使用这个单词。通过这样的互动,小梅的学习变得更加高效。

8.1.5 编程练习

本项目使用 Scratch 作为编程工具,打造一个支持查询日期、时间,能实现四则运算随机出题、互动对话的聊天机器人,在这里,用户可以轻松地检验口算能力,确认当前日期,也可以与机器人进行友好会话,程序的舞台区演示效果与角色区如图 8.1.5.1 所示。

图 8.1.5.1　舞台区演示效果与角色区

点击聊天机器人，它会先进行自我介绍，然而接收使用者输入的内容，并根据内容中包含的信息提供天气查询、时间告知、出题等服务，如果需要回答的内容超出预设的内容，它将无法理解，聊天机器人角色代码如图 8.1.5.2 所示。

图 8.1.5.2　聊天机器人角色代码

四种运算方法的按钮将在收到广播时显示，四种运算都设置了数字的取值范围。减法运算为了确保得数为正数，多了一个交换变量的步骤。除法运算在此基础上，提问时可分别获取计算结果的商和余数，二者都答对了才算是答对此题，加法角色代码如图 8.1.5.3 所示，减法角色代码如图 8.1.5.4 所示，除法角色代码如图 8.1.5.5 所示。

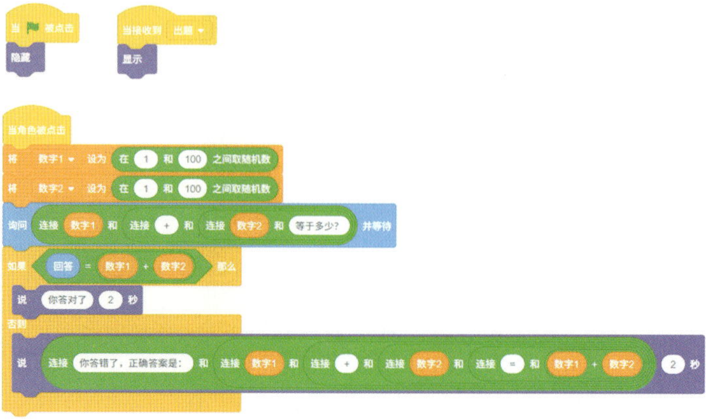

图 8.1.5.3 加法角色代码

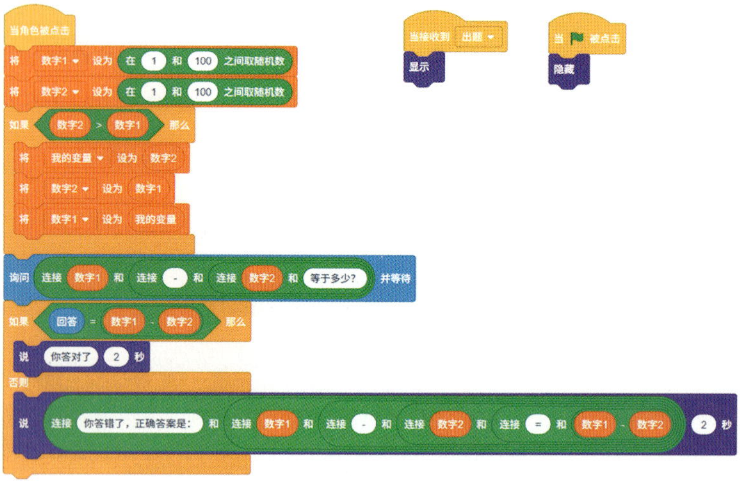

图 8.1.5.4 减法角色代码

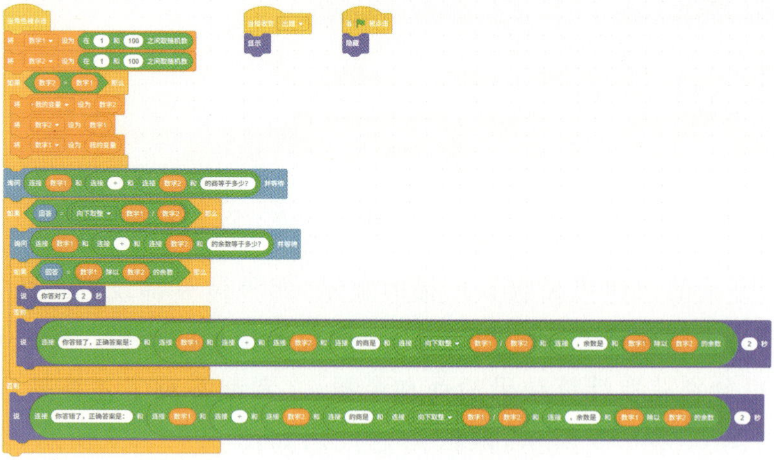

图 8.1.5.5 除法角色代码

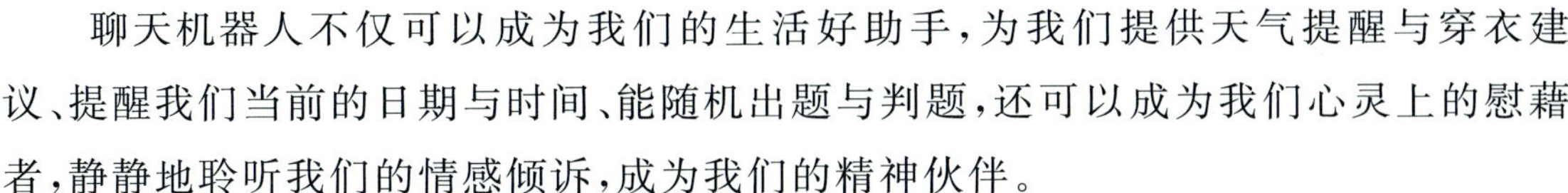

聊天机器人不仅可以成为我们的生活好助手，为我们提供天气提醒与穿衣建议、提醒我们当前的日期与时间、能随机出题与判题，还可以成为我们心灵上的慰藉者，静静地聆听我们的情感倾诉，成为我们的精神伙伴。

8.1.6　聊天机器人的未来

未来的聊天机器人将会变得更加聪明和友好。它们不仅会更好地理解我们的语言，还能根据我们的情绪做出反应。想象一下，如果你心情不好，机器人察觉后会通过温柔的语气来安慰你，或者讲个笑话逗你开心。未来，聊天机器人将成为我们生活中更重要的伙伴，帮助我们处理各种事情，让我们的生活更美好。

8.2　心理辅导机器人

8.2.1　心理辅导机器人简介

心理辅导机器人是一种专门帮助我们处理情感问题的智能机器人。当我们感到压力大、心情烦躁或需要倾听者时，心理辅导机器人可以提供支持和建议。它们像一个关心你的朋友，可以陪伴你、听你倾诉，还能提供一些实用的建议，帮助你更好地应对生活中的挑战。

8.2.2　心理辅导机器人在各个领域的应用

(1)应对压力

心理辅导机器人会教你一些放松的方法，比如深呼吸练习，或者提供一些有趣的活动，帮助你缓解紧张情绪。

举个例子：小刚在期末考试前感到很紧张，他向心理辅导机器人咨询如何放松。机器人建议他进行深呼吸练习，并推荐了几种简单的放松活动。小刚按照机器人的建议进行练习，感觉心情轻松了很多，在考试中也发挥出色。

(2)解决烦恼

当你有一些烦恼或者情感困扰时，心理辅导机器人可以提供帮助。比如，你可能因为和朋友吵架而感到不开心，机器人可以倾听你的问题，给出一些解决建议，帮助你更好地处理这些问题。

举个例子：小丽和她的好朋友发生了争执，她感到很沮丧。她向心理辅导机器人倾诉，机器人仔细听她的问题，并建议她如何与朋友沟通，解决争吵。通过机器人的帮助，小丽学会了更好地处理人际关系，和朋友和好如初。

8.2.3 心理辅导机器人是怎么工作的?

心理辅导机器人依靠“情感分析”和“自然语言处理”技术来理解你的感受，并给出相应的建议。它们通过分析你说的话，理解你的情绪，然后提供帮助和支持。

(1)情感分析

情感分析是心理辅导机器人的“情感感知器”，它能理解你在说什么并能感知你当前的情绪状态。例如，当你说“我今天很难过”，机器人能够识别出你感到悲伤，并提供适当的安慰和建议。

(2)自然语言处理

自然语言处理让机器人能够理解你说的话并生成回应。它通过分析你输入的文字，识别出关键字和语法，然后生成合适的回答。比如，当你询问“我该怎么办?”机器人会根据上下文给出建议，帮助你解决问题。

(3)智能学习

心理辅导机器人还会通过智能学习来提高服务质量。它们通过不断互动和反馈，学习如何更好地理解用户的情感需求，并优化自己的回答方式。

8.2.4 心理辅导机器人的实际应用

(1)学校的心理辅导助手

在一些学校，心理辅导机器人被用来帮助学生管理情绪和应对学习压力。学生们可以在需要时向机器人咨询，获得及时的支持和建议。例如，一位学生在考试压力下向机器人寻求帮助，机器人提供了放松技巧并给予积极鼓励，帮助学生顺利度过备考期。

(2)在线心理咨询平台

某在线心理咨询平台使用心理辅导机器人来提供初步的情感支持。用户可以通过聊天与机器人互动，得到一些情感管理的建议。如果需要更专业的帮助，机器人会建议用户联系专业的心理咨询师。

(3)家庭中的情感支持

一些家庭使用心理辅导机器人来帮助家庭成员处理情感问题。比如，机器人会在家庭成员感到压力或焦虑时提供建议，帮助他们保持良好的心理状态。这种应用使得家庭成员能够在日常生活中获得更多的情感支持。

8.2.5　编程练习

(1)项目简介

本项目使用 python 作为编程工具,制作一个心理辅导机器人,它可以倾听用户心理方面的困扰,并回复建议。

(2)项目分析

内置不同的心理辅导建议,根据用户的问题选取建议并输出。

(3)编程过程

①导入 tkinter 库以及 random 库,如图 8.2.5.1 所示。

```
import tkinter as tk
import random
```

图 8.2.5.1　导入模块

②定义一个方法,用来存储心理辅导的建议,如图 8.2.5.2 与图 8.2.5.3 所示。

```
def respond_to_feeling(feeling):
    responses = {
        "难过": [
            "我很抱歉你感到难过。想和我聊聊是什么让你感到难过吗?",
            "难过是正常的，有时候倾诉会让你感觉好一些。",
            "你想分享一下你今天发生的事情吗?",
            "保持积极，说说看有什么我可以帮助你的。"
        ],
```

图 8.2.5.2　定义用来存储心理辅导建议的方法-1

```
    return random.choice(responses.get(feeling, [
        "我不太理解你的感受。能否再详细说说?",
        "我还在学习，可能无法完全理解你，但我会尽力倾听。"
    ]))
```

图 8.2.5.3　定义用来存储心理辅导建议的方法-2

③定义一个方法,用来写用户发送信息及程序处理信息的过程,如图 8.2.5.4 所示。

```
def send_message():
    user_input = entry.get()
    entry.delete(0, tk.END)  # 清空输入框
    response = respond_to_feeling(user_input)
    chat_display.config(state=tk.NORMAL)
    chat_display.insert(tk.END, f"你: {user_input}\n")
    chat_display.insert(tk.END, f"机器人: {response}\n\n")
    chat_display.config(state=tk.DISABLED)
    chat_display.yview(tk.END)  # 滚动到最新消息
```

图 8.2.5.4　定义用户发送信息及程序处理信息的方法

④创建主窗口，如图 8.2.5.5 所示。

```
window = tk.Tk()
window.title("心理辅导机器人")
```

图 8.2.5.5 创建主窗口代码

⑤创建聊天显示区，自定义窗口大小，并配置，如图 8.2.5.6 所示。

```
chat_display = tk.Text(window, height=15, width=50, state=tk.DISABLED)
chat_display.pack()
```

图 8.2.5.6 创建聊天显示区代码

⑥配置问候信息，给用户使用提示，如图 8.2.5.7 所示。

```
chat_display.config(state=tk.NORMAL)
chat_display.insert(tk.END, "机器人: 你好! 欢迎体验心理辅导机器人! \n")
chat_display.insert(tk.END, "请告诉我你的感受")
chat_display.config(state=tk.DISABLED)
```

图 8.2.5.7 配置机器人的问候，给用户使用提示

⑦创建输入框，自定义窗口大小并配置，如图 8.2.5.8 所示。

```
entry = tk.Entry(window, width=50)
entry.pack()
```

图 8.2.5.8 创建输入框，自定义窗口大小并配置

⑧创建发送按钮，定义按钮显示的字和按钮的操作指令，如图 8.2.5.9 所示。

```
send_button = tk.Button(window, text="发送", command=send_message)
send_button.pack()
```

图 8.2.5.9 创建发送按钮，定义按钮显示的字和按钮的操作指令

⑨运行主循环，可用来监听、处理事件，并循环，如图 8.2.5.10 所示。

```
window.mainloop()
```

图 8.2.5.10 运行主循环，可用来监听、处理事件，并循环

(4)项目拓展

心理辅导机器人的功能目前还很简单，希望可以让机器人能识别出更多模糊信息，即使回答不完全一致，系统也能准确识别用户需求并给出相应建议；也可以让机器人尝试更深层次的问答，不局限于一问一答。

(5)完整代码

如图 8.2.5.11 所示。

```
import tkinter as tk
import random

def respond_to_feeling(feeling):
    responses = {
        "难过": [
            "我很抱歉你感到难过。想和我聊聊是什么让你感到难过吗？",
            "难过是正常的，有时候倾诉会让你感觉好一些。",
            "你想分享一下你今天发生的事情吗？",
            "保持积极，说说看有什么我可以帮助你的。"
        ],
        "开心": [
            "太好了！是什么让你今天如此开心呢？",
            "我喜欢看到你快乐，分享一下你的好心情吧！",
            "保持这种感觉，开心是很重要的！",
            "可以告诉我一些让你开心的小事吗？"
        ],
        "焦虑": [
            "感到焦虑是很常见的，你想聊聊是什么让你感到焦虑吗？",
            "放轻松，深呼吸。有些事情可以慢慢来。",
            "你有没有试过一些放松的方法，比如深呼吸或者冥想？",
            "我在这里倾听你的烦恼，你并不孤单。"
        ],
        "疲惫": [
            "感觉疲惫的时候，适当休息很重要。你最近休息得好吗？",
            "也许你需要一些放松的时间。尝试去散步或听音乐吧。",
            "告诉我，是什么让你如此疲惫？",
            "保持健康是最重要的，确保你有足够的休息时间。"
        ],
        "压力": [
            "压力可能会让人感到不安，你可以试着找到释放压力的方法。",
            "如果你愿意，可以和我分享你的压力来源，我会尽量帮助你。",
            "尝试分散注意力，比如做一些你喜欢的事情。",
            "记住，面对压力，寻求支持是很重要的。"
        ],
        "愤怒": [
            "你可以试试运动，运动可以平息神经，减轻愤怒。找一项感兴趣的
运动试试吧！",
            "你的愤怒来源于何处，可以跟我说说看吗？",
            "听一些欢快或者平静的音乐，跟着音乐放松自己。",
            "找一些没人的地方大喊，把自己的愤怒不满发泄出来。"
        ],
        "害怕": [
```

图 8.2.5.11　完整代码

```
                "你的害怕有多严重呢？如果非常影响你的日常生活，我建议你去看看医生。",
                "说说看，你害怕什么，有多害怕，我来帮助你。",
                "你可以把你害怕的东西分个等级，从低难度开始，通过练习克服恐惧。",
                "首先要克服的是内心的恐惧，多一些积极的想法。"
            ],
            "紧张": [
                "想象一片无垠的大海，一叶小舟慢慢出现在水平面，此时仿佛心都静下来了，感觉海风微凉，轻轻拂过身体，你就这样步入了心的宁静之境。",

                "可以进行一些积极的自我暗示，比如默念：放松、放松、放松。",
                "肌肉放松，可以从头部开始，逐渐放松各个部位，当身体肌肉放松时，紧张也会随之得到缓解。",
                "你可以试试嚼口香糖，也许可以缓解一些紧张的情绪。"
            ],
    }
    return random.choice(responses.get(feeling, [
        "我不太理解你的感受。能否再详细说说？",
        "我还在学习，可能无法完全理解你，但我会尽力倾听。"
    ]))

def send_message():
    user_input = entry.get()
    entry.delete(0, tk.END)  # 清空输入框
    response = respond_to_feeling(user_input)
    chat_display.config(state=tk.NORMAL)
    chat_display.insert(tk.END, f"你：{user_input}\n")
    chat_display.insert(tk.END, f"机器人：{response}\n\n")
    chat_display.config(state=tk.DISABLED)
    chat_display.yview(tk.END)  # 滚动到最新消息

# 创建主窗口
window = tk.Tk()
window.title("心理辅导机器人")

# 创建聊天显示区
chat_display = tk.Text(window, height=15, width=50, state=tk.DISABLED)
chat_display.pack()

# 初始化问候和操作提示
chat_display.config(state=tk.NORMAL)
chat_display.insert(tk.END, "机器人：你好!欢迎体验心理辅导机器人!\n")
```

图 8.2.5.11 完整代码(续)

```
chat_display.insert(tk.END, "请告诉我你的感受（例如：难过、开心、焦虑、
疲惫、压力），我会尽力帮助你。\n\n")
chat_display.config(state=tk.DISABLED)

# 创建输入框
entry = tk.Entry(window, width=50)
entry.pack()

# 创建发送按钮
send_button = tk.Button(window, text="发送", command=send_message)
send_button.pack()
# 运行主循环
window.mainloop()
```

图 8.2.5.11　完整代码(续)

8.2.6　心理辅导机器人的未来

未来的心理辅导机器人将变得更加智能和贴心。它们不仅能理解更多的情感细节,还能提供更个性化的支持。未来,我们可以期待这些机器人在帮助人们应对情感挑战、保持心理健康方面发挥更大的作用。

8.3　陪护机器人

8.3.1　陪护机器人简介

陪护机器人就像一个能随时陪伴你的朋友,它们的设计初衷是帮助人们减轻孤独感。陪护机器人不仅可以与人交谈,提供娱乐服务,而且可以在用户需要帮助的时候提供支持。无论是和你聊天、陪你玩游戏,还是提醒你吃药,陪护机器人都可以在生活中扮演重要的角色。

8.3.2　陪护机器人在各个领域的应用

(1)医疗领域

①老人护理:陪护机器人可以协助老年人完成日常生活中的各项活动,能够实现服药提醒、监测健康状态、提供情感支持等功能。

②病人陪护:在医院中,陪护机器人可以为病人提供陪伴,减轻孤独感,并在需要时及时呼叫护士。

(2)家庭领域

①儿童陪护:陪护机器人不仅可以作为儿童的玩伴,还能通过互动实现教育功能,帮助家长减轻育儿压力。

②宠物陪伴:一些机器人能够模仿宠物行为,提供陪伴,尤其适合那些无法养宠物的人。

(3)社区服务

①志愿服务:在社区中,陪护机器人可以为孤寡老人提供陪伴,参与社区活动,增进居民之间的联系。

②信息服务:陪护机器人可以作为信息提供者,解答居民的问题,提供社区活动的最新信息。

8.3.3 陪护机器人是怎么工作的?

陪护机器人利用现代技术来实现与人的交流和互动。

(1)语音识别技术

陪护机器人能够理解人类的语言。通过语音识别技术,它们可以听懂你说的话,并做出相应的回答。

(2)情感识别

有些陪护机器人能识别人的情绪,比如快乐、伤心等。当你感到不开心时,它们会用温暖的话语来安慰你。

(3)娱乐功能

陪护机器人通常会配备多种娱乐功能,比如讲故事、唱歌和陪玩游戏。它们可以根据用户的兴趣匹配合适的活动,让用户感到快乐。

8.3.4 陪护机器人的实际应用

(1)医疗护理

①Pepper 机器人:由软银机器人公司开发的 Pepper 可以在医院中与病人互动,提供信息和陪伴,帮助缓解病人的焦虑,并在需要时及时呼叫护士。

②TUG 机器人:在医院中使用,负责运输药品、医疗器械和其他物品,减轻护理人员的工作负担。

(2)老年护理

①ElliQ:专为老年人设计的智能陪护机器人,能够与用户进行对话,提醒他们服

药、锻炼，并提供社交互动功能。

②ROBEAR：旨在协助护理人员转移病人，提供物理支持，同时还具有温柔的触感，适合老年人使用。

(3)家庭陪伴

①Jibo：家庭社交型机器人，能够与家庭成员进行互动，回答问题，并执行基本的智能家居控制功能。

②Kiki：一个能够陪伴儿童的机器人，提供教育和娱乐功能，带领孩子们学习和玩耍。

8.3.5 编程练习

本项目使用 Scratch 作为编程工具，打造一个集手续办理、用药规则查询、预约医生、出院结算等功能于一体的陪护机器人，在这里，用户可以轻松处理从入院到出院的每一个节点的登记、缴费等事务，省去排队的时间与不便，程序舞台区演示效果与角色区如图8.3.5.1所示。

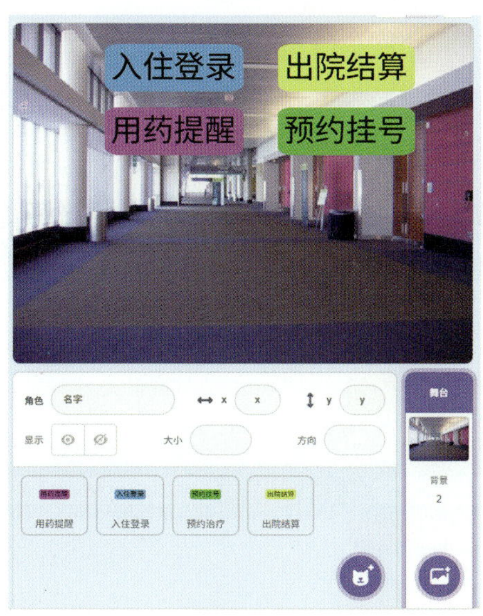

图 8.3.5.1 舞台区演示效果与角色区

程序开始后，先设定“登录状态”变量的值为 0，即默认未登录。点击“入住登录”，首先确认当前用户是否已有注册信息，针对已有注册信息的用户，需要核实姓名与密码；未注册用户可以输入姓名与密码开始注册，登录角色代码如图 8.3.5.2 所示。

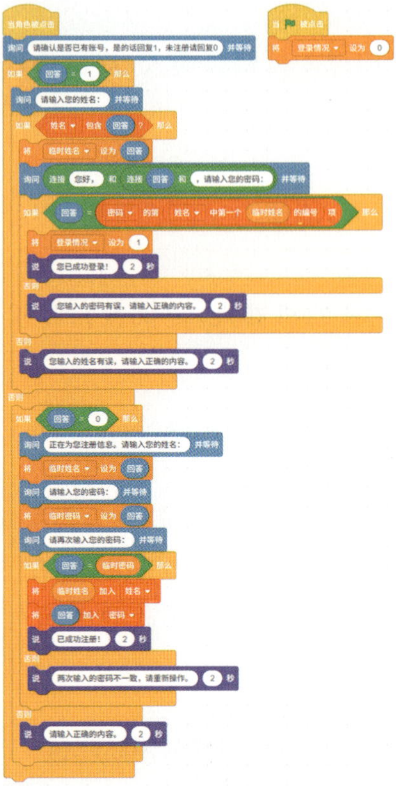

图 8.3.5.2　登录角色代码

点击“预约挂号”按钮，如果是已登录用户，可以直接获得预约号码；未登录用户会被提醒当前状态有误，预约挂号角色代码如图 8.3.5.3 所示。

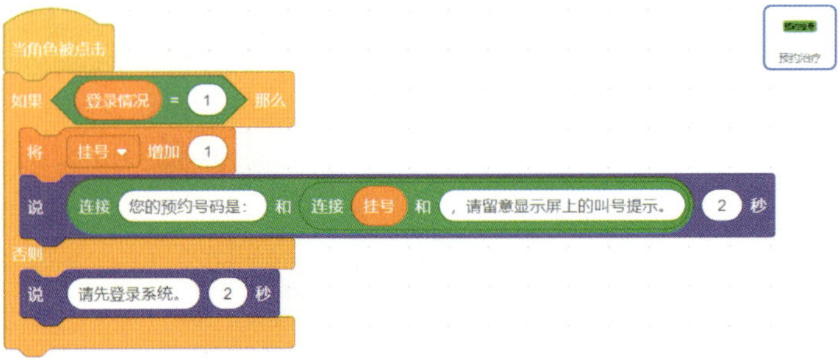

图 8.3.5.3　预约挂号角色代码

在“用药提醒”按钮中添加了药品列表、单价列表项目。点击按钮，如果是已登录用户，可以直接看到药品列表的内容；未登录用户会被提醒当前状态有误，用药提醒角色代码如图 8.3.5.4 所示。

点击“出院结算”按钮，针对已登录用户，会开始计算并说出单价列表中的药品价格之和；未登录用户会被提醒当前状态有误，出院结算角色代码如图 8.3.5.5 所示。

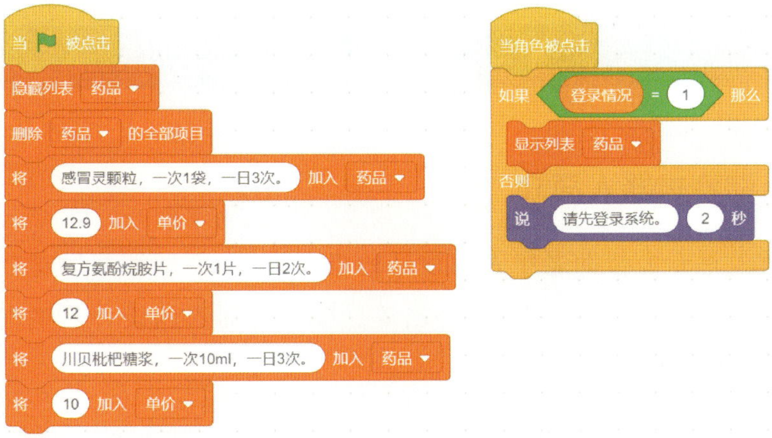

图 8.3.5.4　用药提醒角色代码

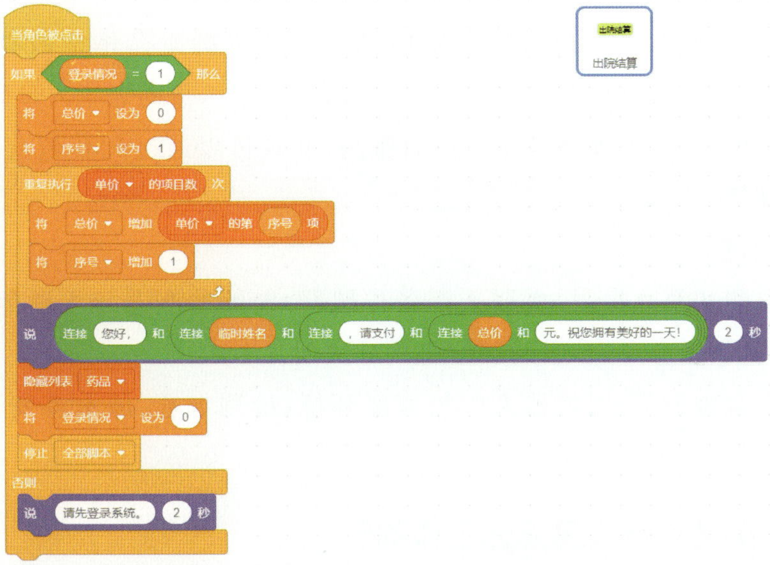

图 8.3.5.5　出院结算角色代码

陪护机器人为独自住院、没有陪护的患者们带去了温暖。在陪护机器人帮助下，用户能轻松实现线上挂号、一键查看用药的提醒。用户在出院时只需要点击按钮，就能一键结算，提升了便利性，未来还可以继续升级项目，增加报告查询、住院记录等模块。

8.3.6　陪护机器人的未来

未来，陪护机器人将会变得更加智能，能够更好地理解人类的情感和需求。它们可能会根据用户的情绪和行为变化，提供更加个性化的陪伴和支持。

8.4 助老机器人

8.4.1 助老机器人简介

助老机器人是专为帮助老年人而设计的机器人，它们能够帮助老年人完成日常生活中的各种任务，比如吃饭、洗澡、外出等。助老机器人的设计目的是让老年人的生活更加便捷和安全。

8.4.2 助老机器人在各个领域的应用

(1)医疗护理

①健康监测：机器人通过传感器实时监测老年人的生命体征数据，如心率、血压、血氧水平等。数据可以直接传送给医生或护理人员，帮助老年人预防健康问题。

②药物管理：机器人提醒老年人按时服药，并且可以通过配套药盒分发药物，确保用药的准确性。

(2)安全监护

①跌倒监测和紧急呼叫：机器人配备传感器，能够检测老年人跌倒或其他紧急情况，并自动发出紧急呼叫，联系医疗机构或家属。

②环境安全监控：家用机器人监控家庭环境，检测烟雾、漏水等安全隐患，并发出警告，保障老年人的生活安全。

8.4.3 助老机器人是怎么工作的?

助老机器人结合智能监测、语音交互、任务管理等多种技术，为老年人提供帮助。

(1)智能监测

助老机器人可以通过传感器监测老年人的活动和健康状况，比如心率、血压等，及时提供健康提醒。

(2)语音交互

助老机器人能够通过语音与老年人互动，听懂他们的需求，并给予反馈。

(3)任务管理

助老机器人会根据老年人的生活习惯和需求，自动安排日常任务，确保老年人按时完成生活中的重要事项。

8.4.4　助老机器人的实际应用

(1)安全监护

GrandCare 安全监护系统：当独居老年人遇到紧急情况时，确保他们能够及时得到帮助。

(2)出行辅助

①CleverBot 导航机器人：陪伴老年人出行，提供导航和方向指引，确保他们不会迷路，还能帮助他们安全通过障碍物。

②ROBEAR 助行和移动辅助机器人：帮助老年人从床上移到轮椅，辅助行动不便的老人完成日常移动。

8.4.5　编程练习

本项目使用 Scratch 作为编程工具，打造一个集日期、时间大字显示功能，满足血压、脉搏记录需求的助老机器人。在这里，用户可以轻松看到当前的日期及时间，并记录身体健康相关数值，保障老年人日常健康状态监护，程序舞台区演示效果与角色区如图 8.4.5.1 所示。

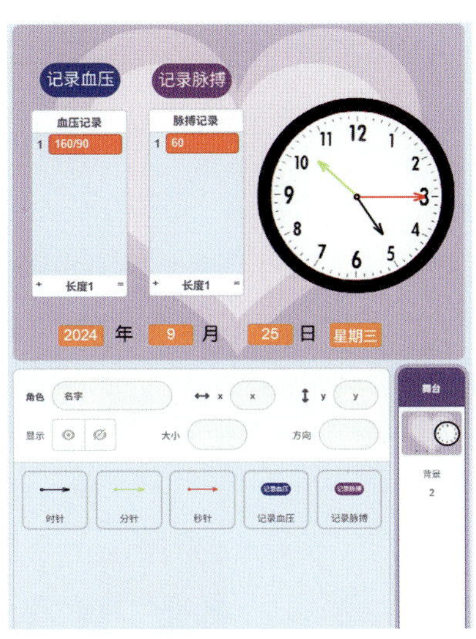

图 8.4.5.1　舞台区演示效果与角色区

右键选择变量的“大字显示”模式，在舞台区里能看到当前日期，如图 8.4.5.2 所示。

使用时针、分针、秒针的组合，让钟表精准地显示，如图 8.4.5.3 所示。

点击“记录血压”和“记录脉搏”按钮，可以分别把测量的数据添加到对应的列表里，实现记录数据并显示的效果，如图 8.4.5.4 所示。

```
当 🏴 被点击
重复执行
    将 年 ▾ 设为 当前时间的 年 ▾
    将 月 ▾ 设为 当前时间的 月 ▾
    将 日 ▾ 设为 当前时间的 日 ▾
    今天星期几
```

```
定义 今天星期几
如果 当前时间的 星期 ▾ = 1 那么
    将 星期 ▾ 设为 星期天
如果 当前时间的 星期 ▾ = 2 那么
    将 星期 ▾ 设为 星期一
如果 当前时间的 星期 ▾ = 3 那么
    将 星期 ▾ 设为 星期二
如果 当前时间的 星期 ▾ = 4 那么
    将 星期 ▾ 设为 星期三
如果 当前时间的 星期 ▾ = 5 那么
    将 星期 ▾ 设为 星期四
如果 当前时间的 星期 ▾ = 6 那么
    将 星期 ▾ 设为 星期五
如果 当前时间的 星期 ▾ = 7 那么
    将 星期 ▾ 设为 星期六
```

图 8.4.5.2　日期的正确显示

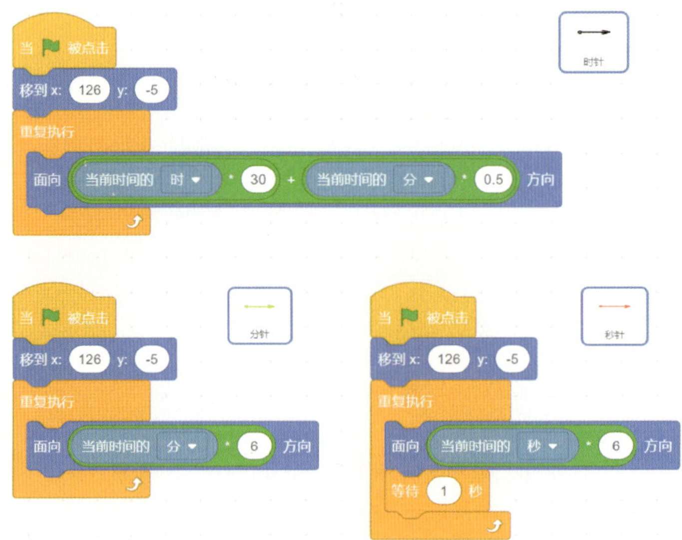

图 8.4.5.3　时间的正确显示

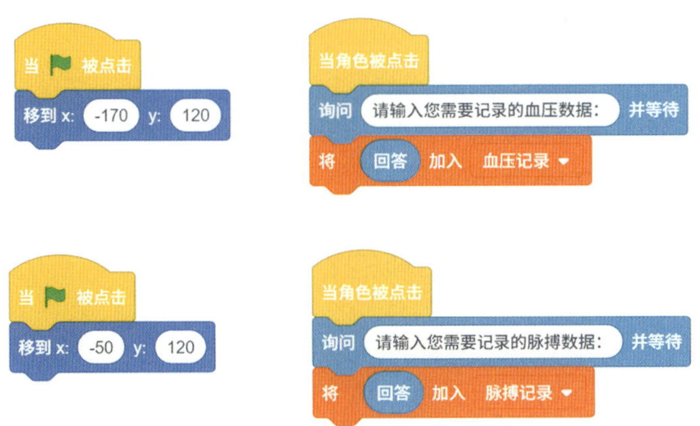

图 8.4.5.4 记录血压和记录脉搏角色的代码

在助老机器人的显示界面中，字体会更大，便于老年人的使用，一个界面里可以查看当天日期、星期以及当前时间，同时实现老年人每日必备的血压、脉搏数据记录功能。未来还可以继续升级项目，增加待办事项清单、健康数据报告生成功能。

8.4.6 助老机器人的未来

未来，助老机器人将更加智能，能够更好地满足老年人的需求。同时，助老机器人还可能与家庭成员的智能设备连接，实现更高效的沟通和协作，提升老年人的生活质量。

8.5 导览机器人

8.5.1 导览机器人简介

导览机器人是专门为帮助人们导航和指引方向而设计的机器人。无论是在商场、博物馆、机场还是大型活动场所，导览机器人都能提供实时的导航服务，帮助人们找到他们想去的地方。

8.5.2 导览机器人在各个领域的应用

(1)商场和购物中心

导览机器人在购物中心可以帮助顾客找到商店、厕所、餐饮区等设施，还能推荐商品或促销信息。

(2)博物馆和展览馆

在博物馆和展览馆，导览机器人可以为游客提供展品介绍和导航服务，让他们更好地了解展览内容。

(3)机场和火车站

在大型的机场和车站,导览机器人可以帮助旅客找到登机口、取票点、行李领取处等关键位置,有效缓解人流压力。

8.5.3 导览机器人是怎么工作的?

导览机器人使用摄像头和传感器技术、路径规划算法、实时数据处理等多种技术来提供导航服务。

(1)摄像头和传感器技术

导览机器人配备多种传感器和摄像头,可以识别周围的环境,检测到障碍物和行人。

(2)路径规划算法

导览机器人采用路径规划算法,可根据环境信息和用户需求制定最佳路线,提供准确的导航服务。

(3)实时数据处理

导览机器人能够实时处理周围环境的数据,包括人流量、障碍物和用户需求,为用户提供有效的导航帮助。

8.5.4 导览机器人的实际应用

(1)Spencer 导览机器人

①应用实例:在荷兰阿姆斯特丹史基浦机场,Spencer 帮助旅客在复杂的航站楼中找到登机口、行李领取处等重要地点。Spencer 还能引导晚到的旅客以最短的时间找到登机口,避免误机情况。

②功能:提供机场地图、登机口导航、航班信息、路线优化方案。

(2)Connie 导览机器人

①应用实例:Connie 是由希尔顿酒店与 IBM 合作推出的服务机器人,它通常在酒店大堂迎接客人,回答关于酒店设施、房间位置、餐厅推荐等问题。Connie 能用多种语言进行沟通,并为客人提供个性化的当地旅游建议。

②功能:酒店设施导航、旅游景点推荐、餐厅预订、与客人互动。

8.5.5 编程练习

本项目使用 Scratch 作为编程工具,打造一个放置于图书馆的导览机器人,能实现查书、借书、还书等功能，在这里，用户可以查询所需的书籍，登录个人账号，按规定正确借书与还书，满足读者个性化阅读要求，程序舞台区演示效果与角色区如图 8.5.5.1 所示。

图 8.5.5.1　舞台区演示效果与角色区

游客和已注册用户都可以进行图书在库查询，系统会根据身份做出对应的提示，在“全部书单”列表中加入所有在库的图书，如果用户输入想要查询的书名在列表中，就告知需要登录后借书，若图书馆未收录该书，也会马上告知用户，查询角色代码如图8.5.5.2 所示。

```
当 🏴 被点击
将 登录状态 设为 0
移到 x: 0 y: 35
删除 全部书单 的全部项目
将 朝花夕拾 加入 全部书单
将 红楼梦 加入 全部书单
将 小王子 加入 全部书单
将 了不起的中国地理 加入 全部书单
将 稻草人 加入 全部书单
将 了凡四训 加入 全部书单
将 安徒生童话 加入 全部书单
将 格林童话 加入 全部书单
```

```
当角色被点击
如果 登录状态 = 0 那么
    说 您正在已游客身份查询图书，如需借书、还书，请点击登录。 2 秒
否则
    说 连接 欢迎您， 和 临时姓名 2 秒
询问 请输入您需要查询的图书： 并等待
如果 全部书单 包含 回答 ? 那么
    说 连接 回答 和 在书库中，如需借阅请登录后点击“借书”按钮。 2 秒
否则
    说 很遗憾，我们没有收录这本图书。 2 秒
```

图 8.5.5.2　查询角色代码

点击“登录”按钮，首先确认当前用户是否已有注册信息，针对已有注册信息的用户，需要核实姓名与密码；未注册用户可以输入姓名与密码开始注册，登录角色代码如图 8.5.5.3 所示。

图 8.5.5.3　登录角色代码

点击“借书”按钮，首先确认该图书是否在库，如果在库，就从全部书单中取出放入用户的图书列表中，否则就告知用户该图书未收录，如图 8.5.5.4 所示。

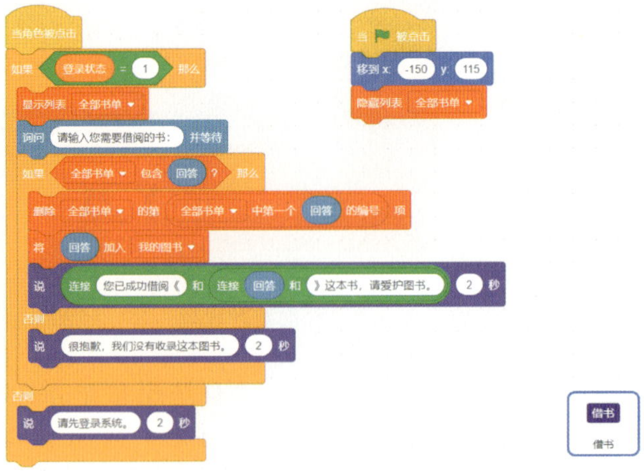

图 8.5.5.4　借书角色代码

点击“还书”按钮，首先确认用户是否借走该图书，如果在用户的图书列表中，就取出放回全部书单列表中，否则就告知用户该操作有误，如图 8.5.5.5 所示。

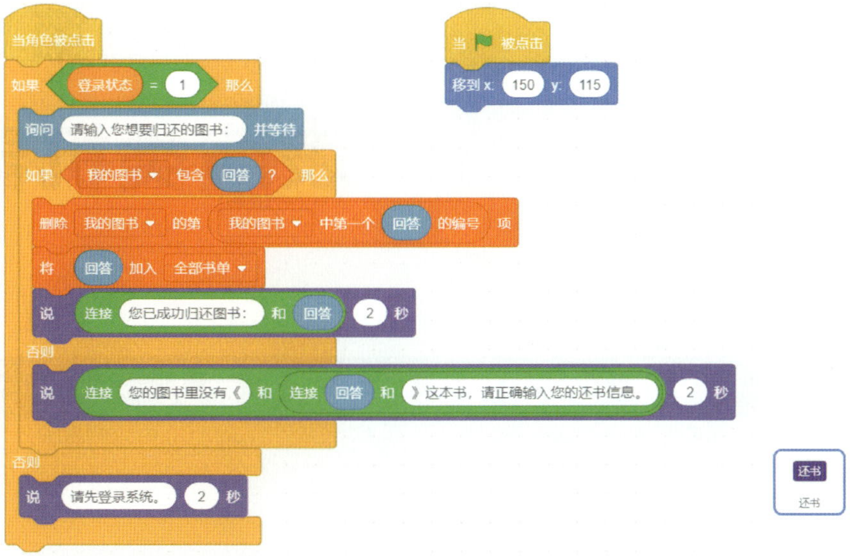

```
当角色被点击
如果 <(登录状态) = 1> 那么
  询问 请输入您想要归还的图书： 并等待
  如果 <[我的图书] 包含 (回答) ?> 那么
    删除 [我的图书] 的第 ([我的图书] 中第一个 (回答) 的编号) 项
    将 (回答) 加入 [全部书单]
    说 (连接 您已成功归还图书： 和 (回答)) 2 秒
  否则
    说 (连接 您的图书里没有《 和 (连接 (回答) 和 》这本书，请正确输入您的还书信息。)) 2 秒
否则
  说 请先登录系统。 2 秒

当 ⚑ 被点击
移到 x: 150 y: 115
```

还书

还书

图 8.5.5.5 还书角色代码

图书馆的导览机器人可以帮助用户缩短逗留找书的时间，用户能很快就确定自己想要看的书是否收录其中，简单快捷地实现借书、还书等功能，系统还可以继续升级项目：增加图书存放位置说明、补充借书时间的记录。

8.5.6 导览机器人的未来

未来，导览机器人将变得更加智能，能够更好地理解用户的需求和情感。它们可能会使用人工智能技术，分析用户的喜好，提供更个性化的服务。想象一下，未来的导览机器人不仅能带你去想去的地方，还能讲述沿途的故事，成为你出行的好伙伴。

第 9 章

表演类机器人

9.1 可编程木偶表演机器人

9.1.1 可编程木偶表演机器人简介

可编程木偶表演机器人是一种能够通过预先设定的程序执行各种木偶表演的机器人。这类机器人采用先进的机械系统和编程技术，通过自动控制关节、动作和表情，模仿传统木偶的表演方式。可编程木偶表演机器人不仅可以精准地重现特定的舞台动作，还可以根据编程指令灵活调整动作和表情，让木偶表演变得更加多样和生动。

传统的木偶表演需要木偶师通过手动控制木偶的绳索或操纵杆来使木偶动起来，而可编程木偶机器人则完全依赖于预先设定的程序控制。编程人员可以为机器人设定不同的动作序列，让它自动完成一场完整的表演。从简单的挥手、点头，到复杂的舞蹈、戏剧动作，它都可以实现。

9.1.2 可编程木偶表演机器人在各个领域的应用

(1)舞台艺术

在舞台艺术中，可编程木偶表演机器人为表演者提供了更多创作空间。木偶机器人可以做出精准的动作，不受人力控制的局限，能够参与大型舞台剧、儿童剧甚至歌舞剧，给观众带来独特的视觉体验。

(2)教育和培训

可编程木偶机器人还可以用作教育和培训工具，尤其是在儿童教育中。通过观看机器人木偶的表演，同学们能够更轻松地理解和学习各种知识。可编程木偶表演机器人可以根据课程内容进行个性化定制，使课堂更有趣、互动性更强。

(3)文化传承

在传统文化的保护和传承中，木偶表演具有重要意义。可编程木偶表演机器人可以重现经典的民间故事和戏剧表演，使得这些传统艺术得以保存和传承。同时，它们还能帮助年轻一代通过科技的方式了解和欣赏传统艺术。

9.1.3　可编程木偶表演机器人是怎么工作的?

可编程木偶表演机器人依靠复杂的机械结构和控制系统来完成动作。以下是它的主要工作原理：

(1)机械结构

可编程木偶表演机器人的身体结构通常包括多个活动关节，这些关节通过伺服电机或步进电机驱动，能够模拟人类或者其他生物的动作。机器人的每一个关节都可以被独立控制，实现精确的动作变化。

(2)传感器与反馈系统

为了确保动作的准确性，可编程木偶表演机器人通常配备了各种传感器，如位置传感器和压力传感器。这些传感器能够实时检测机器人各个部位的状态，并将数据反馈给控制系统，确保每一个动作都能够按预期完成。

(3)编程与控制系统

可编程木偶表演机器人的动作由编程控制实现。编程人员通过编写代码或使用可视化编程工具，为机器人设定动作序列和时间参数。控制系统会根据这些指令，协调伺服电机和传感器工作，让木偶完成一系列连续的表演。

9.1.4　可编程木偶表演机器人的实际应用

(1)儿童剧与学校活动

可编程木偶表演机器人已经在许多儿童剧院和学校活动中得到了应用。这些机器人被设定为经典故事中的角色，如《木偶奇遇记》中的匹诺曹或者《西游记》中的孙悟空等。通过这些可编程木偶表演机器人，孩子们可以实现近距离观看和互动，增强对故事情节的理解和记忆。同时，木偶机器人还能通过编程演绎不同的情节变化，带来更加丰富的舞台体验。

(2)博物馆和文化中心的互动展览

许多博物馆和文化中心开始将可编程木偶表演机器人作为互动展览的一部分。这些机器人能够复原历史场景或民间传说，为参观者提供更加身临其境的体验。例如，在中国传统文化展览中，机器人可以扮演戏曲中的角色，通过表演京剧片段，向观众展示中国传统戏剧的魅力。

9.1.5 编程练习

本项目使用 Scratch 作为编程工具，实现一个能灵活抽动手、脚、尾巴等部分的木偶机器人。通过线条控制木偶机器人的身体各部分切换，形成趣味姿势和视觉效果，程序舞台区演示效果与角色区如图 9.1.5.1 所示。

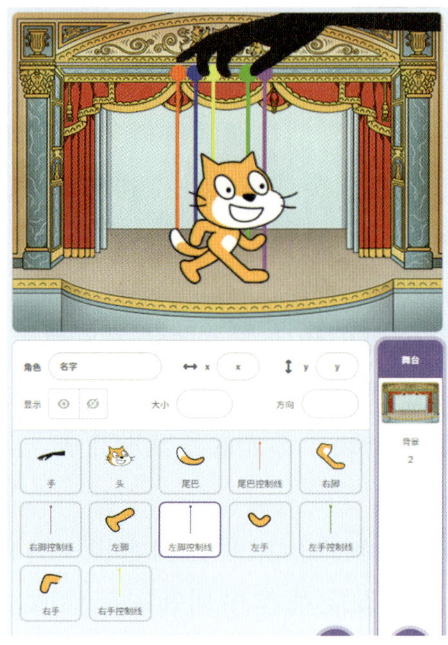

图 9.1.5.1 舞台区演示效果与角色区

该项目中角色较多，角色的坐标以及图层顺序会影响呈现效果，在程序开始后，设置“头”和“手”角色的初始坐标，并让它们保持在最前面显示，如图 9.1.5.2 所示。

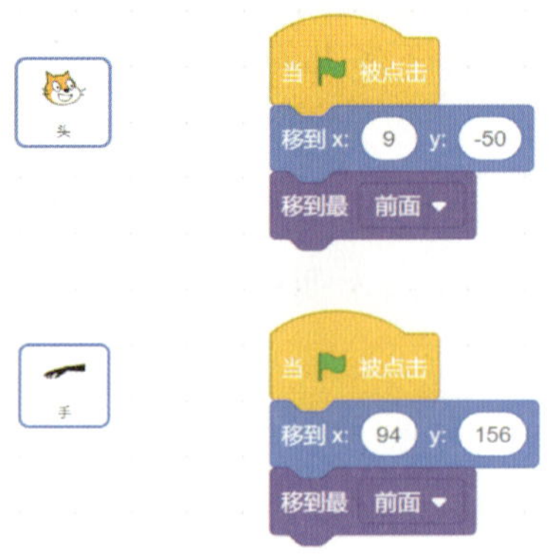

图 9.1.5.2 头、手角色代码

当点击控制线角色时，会给对应的身体部位发送广播进行消息传递，身体部位接收到广播之后，会切换下一个造型。尾巴、左手、左脚、右手以及对应的控制线代码都需要用到这些指令。操作时需要根据角色坐标切换 x、y 的数值，要注意将发送和接收的广播名称对应，如图 9.1.5.3 所示。

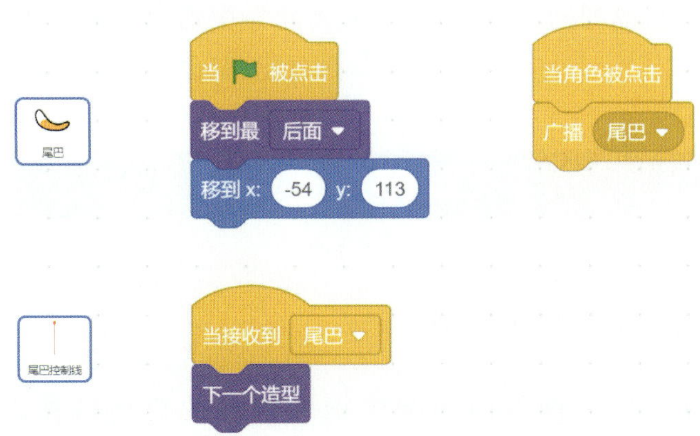

图 9.1.5.3　尾巴与尾巴控制线代码

由于右脚的运动幅度较大，右脚控制线需要根据右脚的造型切换对应的坐标，如图 9.1.5.4 所示。

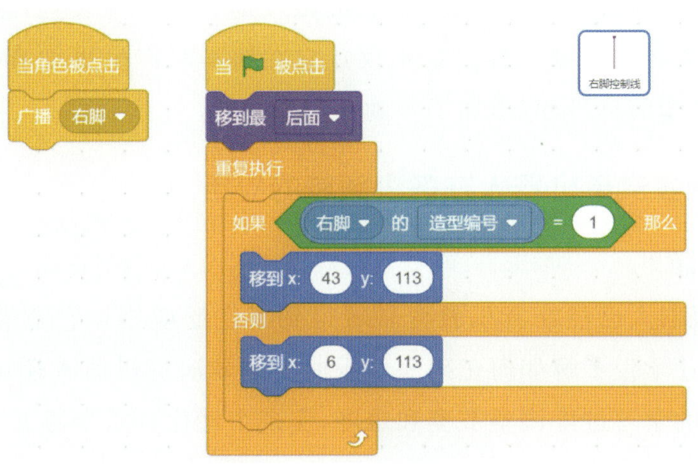

图 9.1.5.4　右脚控制线代码

木偶机器人可以直观呈现出控制手与木偶身体部位之间用线连接起来的关系，在操控的过程中只需要点击控制线就可以让身体部分切换不同的造型显示，实现一系列的动作组合。该项目程序简单、代码清晰，后续可以继续升级项目，如增加声光动态效果、修改为按键操控线等。

9.1.6 可编程木偶表演机器人的未来

未来的木偶机器人表演可能会结合虚拟现实(VR)和增强现实(AR)技术,创造出更沉浸式的表演体验。观众可以通过 VR 头戴设备进入虚拟的舞台环境,与木偶表演机器人进行互动,或通过 AR 技术在现实世界中看到虚拟木偶和真实木偶的结合表演。

9.2 钢琴演奏机器人

9.2.1 钢琴演奏机器人简介

钢琴演奏机器人是一种专门为弹奏钢琴设计的智能机器人,它能够精确地控制琴键的按压与松开,从而演奏出美妙的乐曲。钢琴演奏机器人不仅可以根据预设的程序自动演奏复杂的曲目,还能够根据外部输入的指令,进行实时演奏。

与传统的音乐播放器不同,钢琴演奏机器人是一个物理装置,它利用机械手指弹奏琴键,就像人类钢琴家一样。这不仅让它在演奏时产生更加真实的音色,还可以让观众目睹整个演奏过程,增加了互动性与观赏性。

9.2.2 钢琴演奏机器人在各个领域的应用

(1)音乐教育

钢琴演奏机器人已经在音乐教育领域得到了广泛应用。它能够为学生提供标准的演奏示范,让学生了解如何正确演奏乐曲。钢琴演奏机器人还可以与学生互动教学,根据学生的学习进度调整节奏和难度,实现个性化音乐学习。

(2)音乐疗法

钢琴演奏机器人还在音乐疗法领域显示出潜力。音乐疗法是一种通过音乐来改善患者心理和情绪状态的治疗方法。钢琴演奏机器人能够通过演奏轻柔、舒缓的音乐,帮助患者放松心情,减少焦虑和压力。

9.2.3 钢琴演奏机器人是怎么工作的?

钢琴演奏机器人的核心工作原理是通过精准的机械控制系统模仿人类手指的

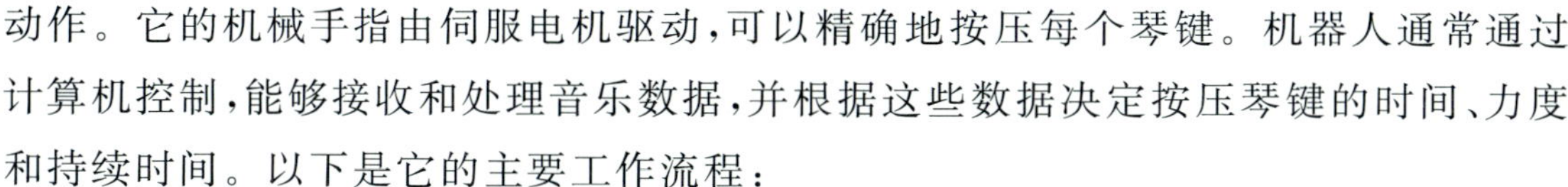

动作。它的机械手指由伺服电机驱动，可以精确地按压每个琴键。机器人通常通过计算机控制，能够接收和处理音乐数据，并根据这些数据决定按压琴键的时间、力度和持续时间。以下是它的主要工作流程：

（1）音乐数据输入

钢琴演奏机器人通常通过 MIDI 文件（音乐数字接口）或者其他数字乐谱形式输入乐曲信息。MIDI 文件记录了每一个音符的时长、音高、力度等信息，钢琴演奏机器人可以根据这些数据演奏出相应的音符。

（2）机械控制

钢琴演奏机器人的每一根“手指”都是由一个伺服电机控制的，伺服电机能够非常精确地控制动作的幅度和速度。机器人接收到音乐指令后，控制系统会计算出每个琴键需要按压的时间和力度，并通过伺服电机驱动相应的手指。

9.2.4 钢琴演奏机器人的实际应用

（1）Yamaha Disklavier

Yamaha Disklavier 是一种高级自动钢琴，能够录制和回放演奏。它配备了一个内置的 MIDI 系统，可以通过电子信号控制钢琴的键盘和踏板。用户可以通过手机或电脑发送音乐，Disklavier 会自动演奏出乐曲。这种钢琴常用于音乐教育、家庭娱乐和专业演出。

（2）PianoMaestro

PianoMaestro 是一款专为音乐教育设计的钢琴演奏机器人。它不仅可以演奏音乐，还能根据学生的演奏进行实时反馈，提供指导和建议。通过与应用程序的互动，学生能够提高他们的钢琴演奏技巧并增加学习兴趣。

9.2.5 编程练习

本项目使用 Scratch 作为编程工具，实现一个演奏钢琴名曲《致爱丽丝》的钢琴演奏机器人，随着美妙音乐声而出的还有跃动的音符们，程序舞台区演示效果与角色区如图 9.2.5.1 所示。

添加音乐扩展模块，在主程序中按顺序放置好每一个小节，并使用变量作为演奏的节拍数，以便后期统一调控歌曲的演奏效果，如图 9.2.5.2 所示。

使用自制积木将每一小节内容进行独立封装，使主程序逻辑更加清晰。在自制积木中，根据简谱的内容演奏音符，如图 9.2.5.3 所示。

x
y
舞台
钢琴演奏者
音符

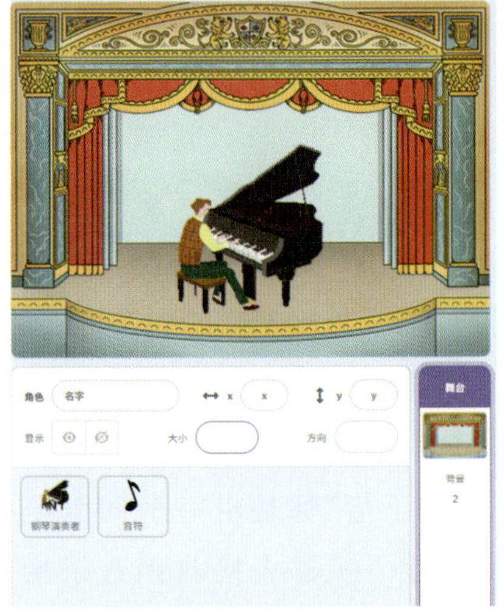

图 9.2.5.1　舞台区演示效果与角色区

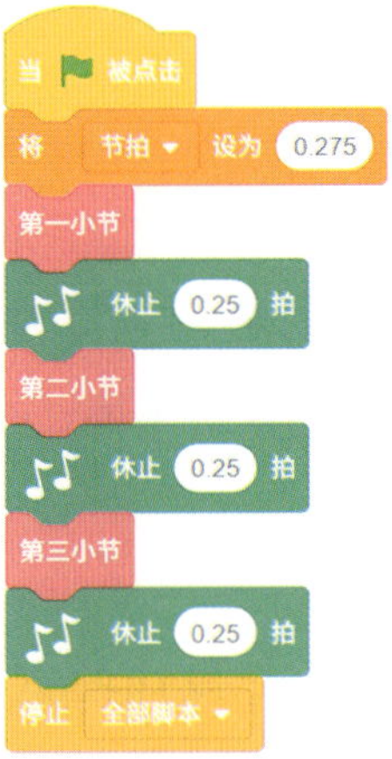

当 被点击
将 节拍 设为 0.275
第一小节
休止 0.25 拍
第二小节
休止 0.25 拍
第三小节
休止 0.25 拍
停止 全部脚本

图 9.2.5.2　主程序代码

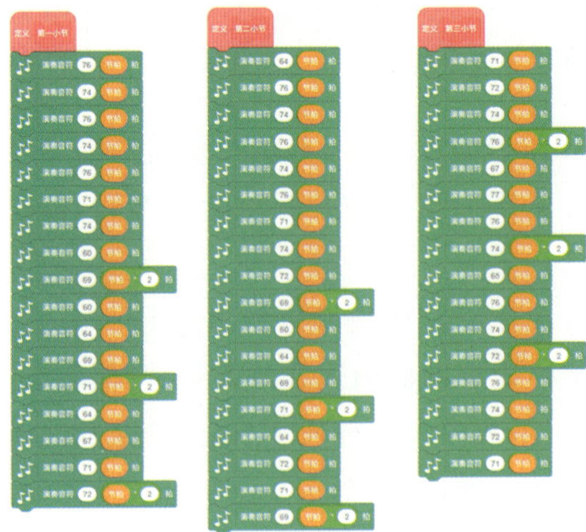

图 9.2.5.3　自制积木代码

使用克隆的指令，在演奏期间让克隆出来的音符们以不同的造型和大小显示出来，并往上方飞扬，如图 9.2.5.4 所示。

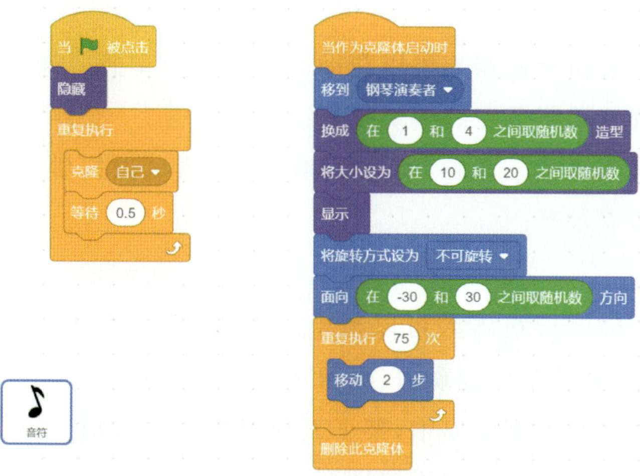

图 9.2.5.4　音符角色代码

钢琴演奏机器人可以通过修改音符及节拍，实现多首动听乐曲的演奏，编写指令的过程也考验学生的耐心与细心程度，统一控制节拍的变量使得曲目的演奏速度得以便捷调控，后续可以继续升级项目，挑战更有难度的多重唱曲目。

9.2.6　钢琴演奏机器人的未来

未来的钢琴演奏机器人将进一步融入音乐教育体系中，不仅能帮助学生提高技术水平，还能根据学生的学习进度和个人偏好，提供个性化的教学方案，使音乐学习更加高效和有趣。

9.3　架子鼓演奏机器人

9.3.1　架子鼓演奏机器人简介

架子鼓演奏机器人是一种能够自动演奏架子鼓的设备，它可以模仿人类打鼓的技巧和节奏。通过传感器和控制系统，架子鼓演奏机器人能够根据输入的音乐信号，精准地击打鼓面，演奏出丰富的节奏和乐曲。架子鼓演奏机器人通常包括多个鼓件和镲片，能够演奏不同风格的音乐，适用于各种演出和练习场景。

9.3.2 架子鼓演奏机器人在各个领域的应用

(1)音乐教育

①节奏训练:架子鼓演奏机器人可以帮助学生学习节奏感。通过与机器人的互动,学生能够更好地理解不同节奏的演奏技巧。

②伴奏功能:在学生练习乐器时,架子鼓演奏机器人可以提供实时的伴奏,帮助他们保持节奏,提升演奏水平。

(2)音乐表演

①现场演出:架子鼓演奏机器人可以与乐队合作,在现场演出中提供鼓点。它的精准演奏能够增强乐队的整体表现力,吸引观众的注意力。

②音乐节:在音乐节和大型演出中,架子鼓演奏机器人可以作为演出的一部分,演奏流行歌曲或经典曲目,为演出增添多样性。

(3)录音与制作

①音乐创作:音乐制作人可以使用架子鼓演奏机器人进行录音,创建复杂的鼓点和节奏,帮助他们完成音乐创作。

②编曲工具:架子鼓演奏机器人可以根据编曲的需要,自动演奏不同风格的节奏,提升音乐制作的效率。

9.3.3 架子鼓演奏机器人是怎么工作的?

(1)MIDI 接口

架子鼓演奏机器人通常支持 MIDI(乐器数字接口)信号输入。这意味着用户可以通过 MIDI 控制器或电脑软件发送音乐指令,机器人会根据这些信息进行演奏。

(2)算法与编程

许多架子鼓演奏机器人使用特定的算法来分析和处理输入的音乐信号数据,从而决定如何击打鼓面。这些算法可以帮助机器人生成多样化的节奏和音乐风格。

9.3.4 架子鼓演奏机器人的实际应用

(1)RoboDrummer

RoboDrummer 是一个开源的鼓机器人项目,用户可以自行构建和编程,创作自定义节奏。在音乐工作室中,它常被用来增强音乐作品的表现力。教育机构也使用它开展编程和音乐创作课程。

(2) DrumBot

DrumBot 是一个开源的鼓机器人项目，允许用户自行搭建和编程，实现一个能够自动演奏的鼓。用户可以使用各种传感器和驱动器，制作自己的架子鼓。可以激发学生的创造力和编程兴趣。参与者可以学习构建和编程机器人，同时享受音乐的乐趣。

9.3.5　编程练习

本项目使用 Scratch 作为编程工具，针对架子鼓由多个乐器组合而成的特点，实现一个可以分别控制左右手击打乐器的架子鼓演奏机器人。程序舞台区演示效果与角色区如图 9.3.5.1 所示。

本项目中角色较多，有部分角色的存在是为了更完整地呈现架子鼓的外观，所以需要设置好这些角色的初始位置，如图 9.3.5.2 所示。

图 9.3.5.1　舞台区演示效果与角色区

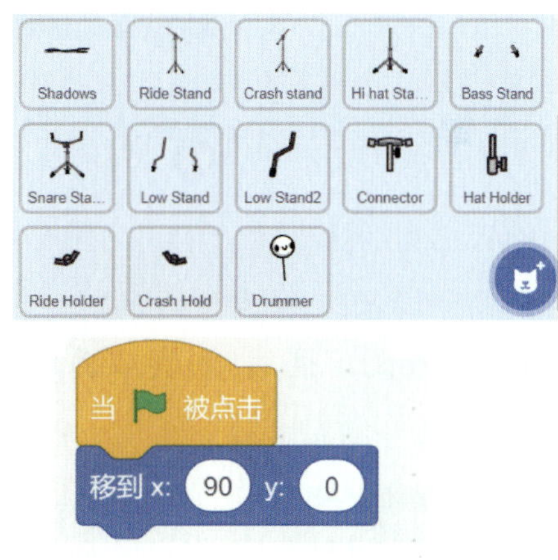

图 9.3.5.2　设置角色初始位置

设置好角色的初始坐标后，为了呈现架子鼓下方的阴影效果，为“shadows”角色设置虚像特效，使其透明化，如图 9.3.5.3 所示。

针对各乐器角色，点击角色之后会发送广播，这些广播用于播放声音，以及区分左手或是右手控制，如图 9.3.5.4 所示。

图 9.3.5.3　shadows 角色代码

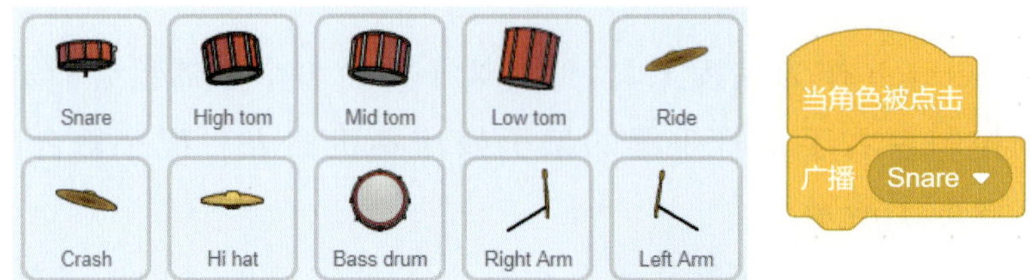

图 9.3.5.4　点击红框内的角色发送对应的广播

“Bass drum”角色额外增加了击打时改变大小的代码，如图 9.3.5.5 所示。

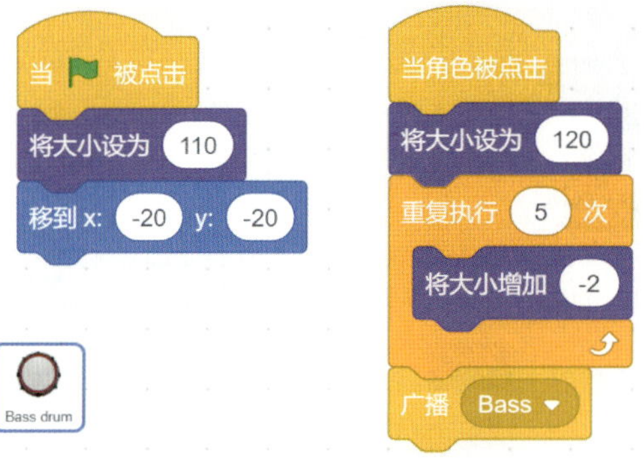

图 9.3.5.5　Bass drum 角色代码

背景接收到广播后，演奏或播放对应的声音，如图 9.3.5.6 所示。

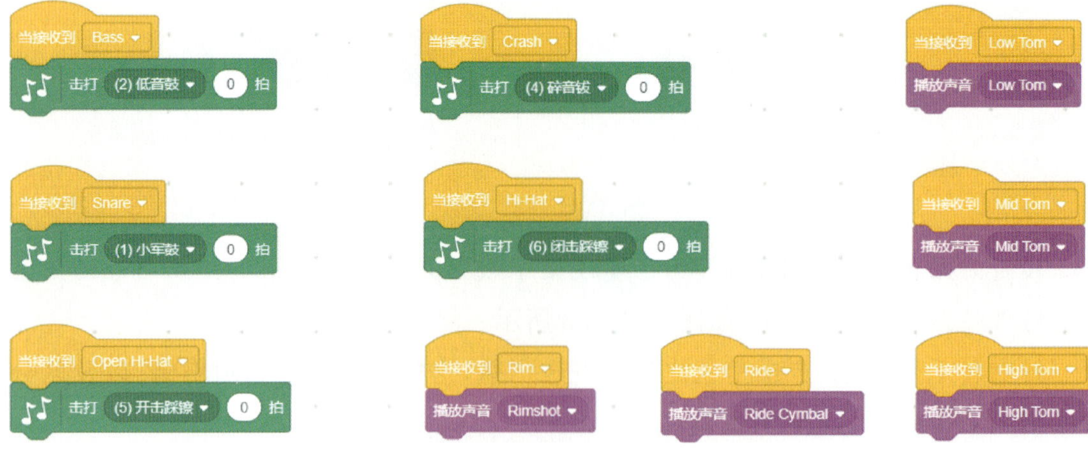

图 9.3.5.6　背景代码

“Left Arm”控制着“Crash”“Mid Tom”“Low Tom”，当收到击打这 3 个乐器后发出的广播时，“Left Arm”切换造型实现流畅的动作，如图 9.3.5.7 所示。

图 9.3.5.7　Left Arm 角色代码

“Right Arm”控制着“Snare”“Rim”“Ride”“Hi-Hat”“Open Hi-Hat”“High Tom”，当收到击打这 6 个乐器后发出的广播后，“Right Arm”切换造型实现流畅的动作，如图 9.3.5.8 所示。

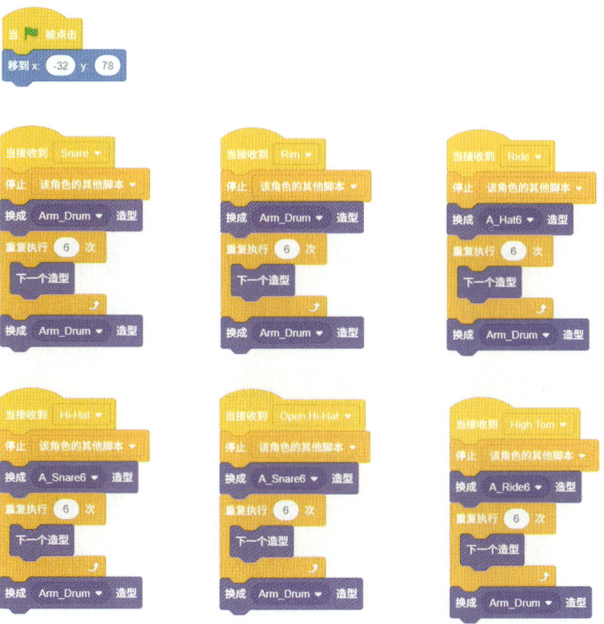

图 9.3.5.8　Right Arm 角色代码

架子鼓演奏机器人可以通过击打乐器，演奏出令人振奋的曲目，后续可以继续升级项目，将各音乐内容通过列表记录下来，按下按键后即可播放试听效果。

9.3.6 架子鼓演奏机器人的未来

随着技术的进步，架子鼓演奏机器人将变得更加便携，适合家庭和个人使用，方便用户在各种场合进行演奏和练习。新一代的架子鼓演奏机器人可演奏更多样化的音乐风格，涵盖古典、流行、爵士和电子音乐，满足不同音乐类型需求。

9.4 笛子演奏机器人

9.4.1 笛子演奏机器人简介

笛子演奏机器人是一种专门为演奏中国传统乐器笛子而设计的智能机械系统。它通过精密的机械控制和气流系统，实现对笛子的自动化演奏。与钢琴或鼓类机器人不同，笛子演奏机器人的技术挑战在于精准控制气息和实现细腻指法操作，这需要精确的气流控制和灵活的机械手指结构，才能复现笛子独特的音色特征。

9.4.2 笛子演奏机器人在各个领域的应用

(1)音乐研究与教学

机器人可以帮助音乐研究人员分析不同演奏方法对笛子音色的影响。同时，笛子演奏机器人在音乐教学中也能帮助学生理解正确的演奏姿势、气息控制等，提高学生的学习效率。

(2)跨界艺术表演

笛子演奏机器人常用于创新表演项目，比如在现代音乐与传统音乐融合的演出中，机器人能够与电子音乐或其他机器人乐手协同演奏，营造出新颖的视听体验。

9.4.3 笛子演奏机器人是怎么工作的?

(1)气流控制系统

笛子是通过气流振动发声的，因此气流的控制对演奏质量至关重要。笛子演奏机器人通过精确的气泵系统模拟人类的呼吸过程，调整气流强度和吹口角度，实现不同音调的演奏。

(2)机械手臂

机器人使用机械手指按住笛子的不同孔位。根据输入的乐谱和演奏指令，机器人能够快速切换不同的指法，完成复杂的演奏技巧。

9.4.4　笛子演奏机器人的实际应用

在某些文化遗产保护项目中，笛子演奏机器人被用于自动化记录和复原传统乐曲，确保某些珍稀曲目能够被精准保存并传承下来。通过数据化保存，这些乐曲即使无人会演奏，也能借助机器人重新展现。

9.4.5　编程练习

本项目使用 Scratch 作为编程工具，实现一个可以演奏出惜别友人名曲《送别》的笛子演奏机器人，微风过，柳叶飘落，让我们一起欣赏这悠扬的曲目，程序舞台区演示效果与角色区如图 9.4.5.1 所示。

图 9.4.5.1　舞台区演示效果与角色区

添加音乐扩展模块，在主程序中按顺序放置好每一个小节，并使用变量作为演奏的节拍数，以便后期统一调控歌曲的演奏效果，如图 9.4.5.2 所示。

使用自制积木将每一小节内容进行独立封装，使主程序逻辑更加清晰。在自制积木中，根据简谱的内容演奏音符，如图 9.4.5.3 所示。

使用克隆的指令，在弹奏期间让克隆出来的叶子们以不同的造型和大小显示出来，渐渐飘落，如图 9.4.5.4 所示。

笛子演奏机器人以木长笛的独特音色吹奏歌曲时，能让听众感受到依依惜别之情，直至心静舒畅。即使没学过这项乐器的同学也可以在编程中使用指令，感受吹笛子的乐趣，后续可以继续升级项目，根据曲目的意境加入夕阳等背景元素。

```
当 🏴 被点击
移到最 前面 ▾
将乐器设为 (13) 木长笛 ▾
将 节拍 ▾ 设为 0.5
长亭外古道边芳草碧连天
晚风拂柳笛声残，夕阳山外山
停止 全部脚本 ▾
```

图 9.4.5.2 主程序代码

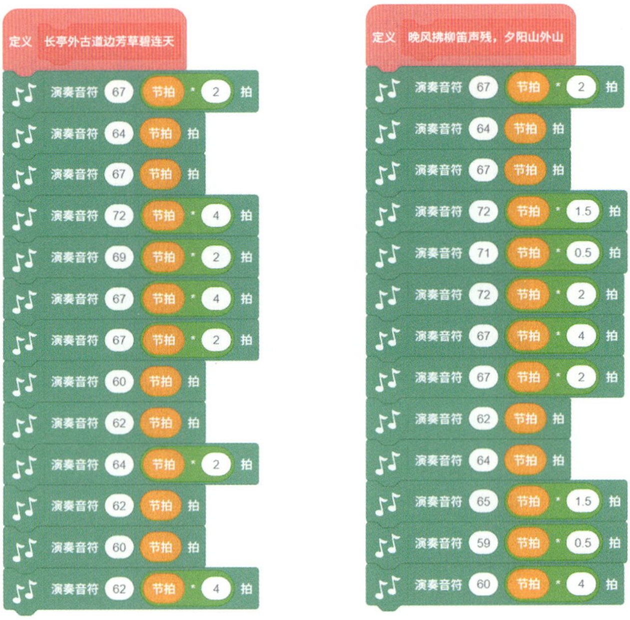

```
定义 长亭外古道边芳草碧连天
演奏音符 67 节拍 * 2 拍
演奏音符 64 节拍 拍
演奏音符 67 节拍 拍
演奏音符 72 节拍 * 4 拍
演奏音符 69 节拍 * 2 拍
演奏音符 67 节拍 * 4 拍
演奏音符 67 节拍 * 2 拍
演奏音符 60 节拍 拍
演奏音符 62 节拍 拍
演奏音符 64 节拍 * 2 拍
演奏音符 62 节拍 拍
演奏音符 60 节拍 拍
演奏音符 62 节拍 * 4 拍
```

```
定义 晚风拂柳笛声残，夕阳山外山
演奏音符 67 节拍 * 2 拍
演奏音符 64 节拍 拍
演奏音符 67 节拍 拍
演奏音符 72 节拍 * 1.5 拍
演奏音符 71 节拍 * 0.5 拍
演奏音符 72 节拍 * 2 拍
演奏音符 67 节拍 * 4 拍
演奏音符 67 节拍 * 2 拍
演奏音符 62 节拍 拍
演奏音符 64 节拍 拍
演奏音符 65 节拍 * 1.5 拍
演奏音符 59 节拍 * 0.5 拍
演奏音符 60 节拍 * 4 拍
```

图 9.4.5.3 自制积木代码

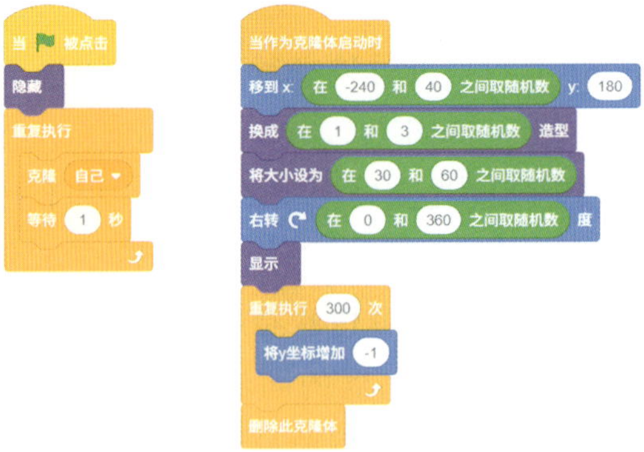

```
当 🏴 被点击
隐藏
重复执行
    克隆 自己 ▾
    等待 1 秒
```

```
当作为克隆体启动时
移到x: 在 -240 和 40 之间取随机数 y: 180
换成 在 1 和 3 之间取随机数 造型
将大小设为 在 30 和 60 之间取随机数
右转 ↻ 在 0 和 360 之间取随机数 度
显示
重复执行 300 次
    将y坐标增加 -1
删除此克隆体
```

图 9.4.5.4 叶子角色代码

9.4.6　笛子演奏机器人的未来

未来的笛子演奏机器人将能够演奏更复杂的技巧，比如长音连奏、颤音等高难度演奏方式。它们的表现力将更加接近人类演奏者。

9.5　琵琶演奏机器人

9.5.1　琵琶演奏机器人简介

琵琶演奏机器人是一种能够自动演奏中国传统乐器琵琶的智能机械装置。琵琶作为一种有着两千多年历史的乐器，以其复杂的指法、丰富的音色和演奏技巧闻名。琵琶机器人采用精密的机械手指和拨弦系统，模拟人类琵琶演奏者的手部动作，能够演奏出多种风格的复杂乐曲。

与钢琴或笛子等乐器不同，琵琶的演奏需要快速的拨弦、推弦和轮指、扫弦、滑音等特殊的演奏技法。这对机器人的精度和控制系统提出了很高的要求。因此，琵琶演奏机器人不仅需要灵活的机械系统，还需要强大的控制算法来处理这些复杂演奏技巧。

9.5.2　琵琶演奏机器人在各个领域的应用

琵琶演奏机器人可以应用于多个领域，主要包括：

(1)音乐教学辅助

琵琶机器人可以作为教学工具，帮助学生在课堂上理解琵琶的复杂演奏技法。它可以精准、反复地演示不同的指法，如轮指、推弦等，让学生更直观地学习。这种机器人还可以根据学生的进展，自动调整教学节奏，提升学习效率。

(2)研究和开发平台

琵琶机器人还可以用作研究平台，辅助音乐研究人员分析和研究琵琶演奏技法的细节，探索人类演奏过程中难以捕捉的微小动作和音色变化。这为传统乐器的数字化保护和传承提供了可能性。

9.5.3　琵琶演奏机器人是怎么工作的?

(1)机械手指与弦的精密控制

琵琶机器人使用机械手指模拟人类演奏者的左手，用来按压不同的琴弦，以产生不同的音高。右手的机械系统则用来拨动琴弦。机器人通过精确的角度和力道控制,实现了琵琶的独特拨弦技巧,比如快速的轮指和连奏。

(2)智能控制与演奏算法

琵琶机器人依靠预设的演奏算法来处理不同的乐曲。机器人会根据输入的乐谱自动分析每个音符所需的动作,并且通过机械手指执行这些动作。为了应对琵琶复杂的演奏技法,算法需要高度优化并实时调整,以确保演奏连贯性和音质准确性。

9.5.4 琵琶演奏机器人的实际应用

在上海音乐学院的一个实验课程中,琵琶机器人被用于为初学者示范基础曲目,展示复杂技巧如轮指和扫弦。学生通过观看机器人的精准演奏,能够更好地模仿和掌握这些难度较高的技巧。机器人还能够在课堂上演奏教师指定的乐曲,作为课堂教学的有力补充。

9.5.5 编程练习

本项目使用 Scratch 作为编程工具,实现一个可以拨弦弹奏出动听曲目《茉莉花》的琵琶机器人,静听乐曲的过程中还有朵朵茉莉花掉落,令人回味,舞台区演示效果与角色区如图 9.5.5.1 所示。

图 9.5.5.1　舞台区演示效果与角色区

添加音乐扩展模块,在主程序中按顺序放置好每一个小节,并使用变量作为演奏的节拍数,以便后期统一调控歌曲的演奏效果,如图 9.5.5.2 所示。

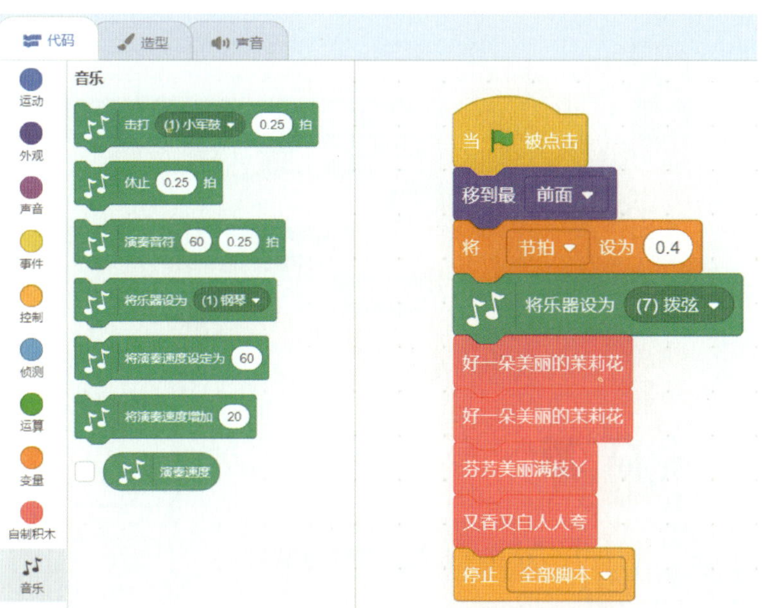

图 9.5.5.2　主程序代码

使用自制积木将每一小节内容进行独立封装，使主程序逻辑更加清晰。在自制积木中，根据简谱的内容演奏音符，如图 9.5.5.3 所示。

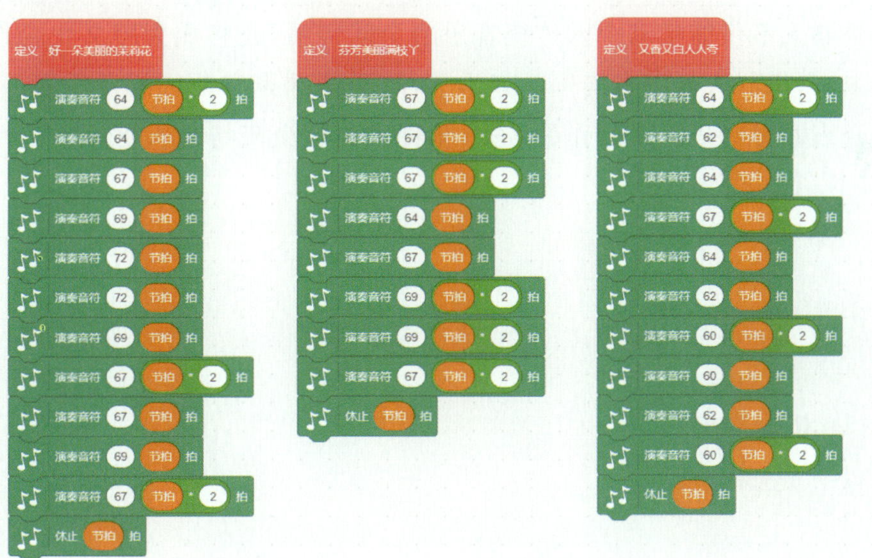

图 9.5.5.3　自制积木代码

使用克隆的指令，在弹奏期间让克隆出来的茉莉花以不同的造型和大小显示出来，旋转着往下掉，如图 9.5.5.4 所示。

茉莉花角色的加入和旋转掉落的纷飞效果为琵琶机器人项目增添了艺术表现

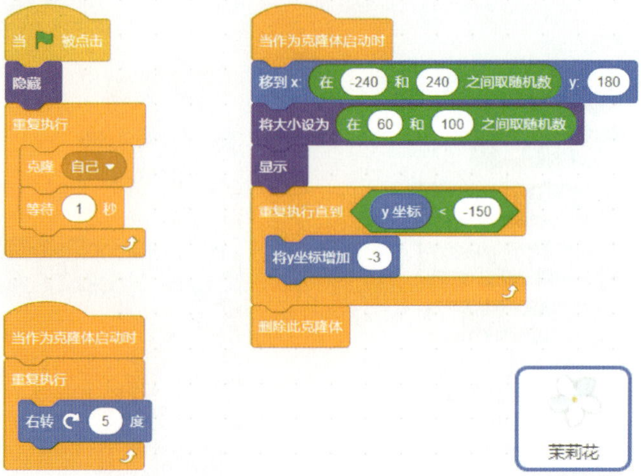

图 9.5.5.4　茉莉花代码

力，学生通过耐心调节节拍、细心编写程序，实现动听曲目的演奏，后续可以继续升级项目，挑战更有古风韵味的歌曲。

9.5.6　琵琶演奏机器人的未来

琵琶机器人不仅能推动中国传统音乐的全球传播，还将成为跨文化合作的重要载体。在未来，机器人可以参与国际音乐节，与不同国家和地区的音乐家一起合作，创造出融合东西方音乐元素的作品，进一步促进文化交流与音乐创新。

参考文献

[1]邓卫斌，于国龙.社交型机器人发展现状及关键技术研究[J].科学技术与工程，2016，16(12)：163-170.

[2]谢玮.网红机器人索菲亚何许“人”也？[J].中国经济周刊，2018(5)：84-86.

[3]方其桂.和小猫一起学编程：超好玩的 Scratch 3.0（微课版）[M].北京：清华大学出版社，2019.

[4]熊兴月.外形设计对社交型机器人接受度的影响[J].人工智能与机器人研究，2023，12(4)：311-318.

[5]杨龙，褚宏鹏，孙通帅，等.3-RRR+(S-P)人形机器人仿生肩关节主参数设计及其工作空间分析[J].中国机械工程，2017，28(2)：199-205.

[6]陶广宏，耿世雄，赵嘉琪，等.模块化机器人结构设计及运动特性分析[J].机床与液压，2024，52(5)：45-52.

[7]李曹妍，郭振川，郑冬冬，等.基于分布式模型预测控制的多机器人协同编队[J].兵工学报，2023，44(S2)：178-190.

[8]杨俊叶，刘佳，王丽.计算机视觉技术在工业领域中的应用[J].科技创新导报，2020，17(1)：108-109.

[9]陈静，梁俊毅.自然语言处理中的深度学习方法研究[J].计算机应用文摘，2023，39(17)：130-132，136.

[10]脑极体.机器人的感知补全计划[J].大数据时代，2020(10)：58-63.

[11]张钹.展望人工智能的未来[J].科学世界，2020(4)：85.

[12]刘迪，樊匀.基于 Docker 技术的私有云存储平台快速部署应用[J].电脑知识与技术，2023，19(21)：7-9，14.

[13]黄明辉.MySQL 备份策略[J].科学与信息化，2024(17)：40.

[14]付晓东.音乐机器人的发展历史与技术成果[J].演艺科技，2015(5)：12-17.

[15]能弹琴、会创作的机器人[J].少年电脑世界，2020(12)：3.

[16]李玉玮.机器人×绘画[J].张江科技评论，2023(2)：62-65.

[17]惠延年. 人工智能聊天机器人助力眼科和科学论文写作[J]. 国际眼科杂志，2024,24(1):1-4.

[18]梅术龙，朱林峰，潘小芳，等. 智慧导览机器人的研究与应用[J]. 新型工业化，2021,11(11):90-93.

[19]赵悦. 一种钢琴演奏机器人[J]. 机械制造与自动化，2017,46(2):143-145.

[20]魏新宇. 钢琴自动弹奏机械手系统及其控制算法设计[J]. 景德镇学院学报，2023,38(6):32-37.

[21]郭峰，陈云，陆卫卫，等. 架子鼓机器人结构设计[J]. 现代制造技术与装备，2022,58(6):24-26.

[22]机器人吹笛子[J]. 科学大众(小诺贝尔)，2009(1):15.